NF文庫
ノンフィクション

海軍善玉論の嘘

誰も言わなかった日本海軍の失敗

是本信義

JN242037

潮書房光人新社

海軍善玉論の嘘——目次

第一部　太平洋戦争への道

第四章　海軍にだまされた

第五章　指揮官の無能無策

第二章 年功序列か能力主義か

第三章 戦略や戦術はどうだったのか

海軍善玉論の嘘

誰も言わなかった日本海軍の失敗

第一部　太平洋戦争への道

日本海海戦時、単縦陣で航行する日本の連合艦隊

第一章　昨日の友は今日の敵

（1）頼もしき応援者――ルーズベルトの心底は何だったのか

近代国家への道を歩きはじめた日本の最大の試練は「日露戦争」（一九〇四～〇五年）だった。

この日露戦争生起の要因には多くのものがあるが、ロシアにとって最大のものは、朝鮮半島を支配下におき、太平洋に出る安全な海上交通路を確保することにあった。

ロシアはかつて清国から北京条約（一八六〇年）で沿海州を奪い、不凍港ウラジオストーク（東方の支配者）を建設した。

しかし、そこから太平洋に出る航路は、日本の支配下にある朝鮮半島、対馬《つしま》、九州本土により完全に扼《やく》されている。

そこでいま、「義和団事件」後も満州（現中国東北部）に不法駐留させている大軍を南下させ、朝鮮半島、状況によっては対馬をも支配下におき、その安全を確保しようというものであった。

一方、日本にしてみれば、明治維新後に爆発的に増えた人口をやしなうための市場として、満州は不可欠である。そして何よりも、国防上の要衝として、また市場としてすでに確保している朝鮮半島がロシアのものになれば、日本は存亡の危機にさらされる。

ポーツマス講和会議。左２人目にウィッテ。右側が日本全権団

これらに加えて、欧米列国の思惑が大きく絡《から》んでいた。

すなわち、バルカン半島進出のためロシアの目を東に向けておきたいドイツ、「三国同盟」（独・墺・伊）対「露仏同盟」の枠外に孤立したためアジアの強国となった日本との同盟を求めるイギリス、中国の門戸開放を求めるアメリカ等であった。

このような情勢のなか、日本にとって頼もしい応援者はアメリカだった。

時の首相伊《い》藤《とう》博文は、戦争を決意するとともに、腹心の金子堅太郎をアメリカに派遣し、講和についての仲介への根まわしを命じた。

ちなみに金子は、アメリカ大統領セオドア・ルーズベルトとハーバード大学での同級生である。

もともとアメリカには、日本を鎖国から開国させ、手取り足取り近代国家への成長を助けてきたとの親近感がある。

それにしても戦争をはじめる前から、その終結を考えていた伊藤首相の見識には、頭がさがる。


さて、明治三十七年（一九〇四）二月にはじまった日露戦争は、大方の予想に反し、陸戦においては遼陽、沙河、そして奉天の諸会戦、海戦においては「日本海海戦」の大勝利と、日本有利のうちに推移した。

しかしながら日本は戦力の枯渇《こかつ》により、またロシア側はその過酷な専制政治にたいする革命気分の蔓延《まんえん》等により、両国のあいだに講和の気運が芽生えてきたのであった。

このとき、仲介の労をとろうと乗り出したのが、ルーズベルト大統領だった。

彼は、一連の敗北を極東の地における局地戦の一失点にすぎないとして講和をしぶるロシア皇帝ニコライ二世を説得し、米国ニューハンプシャー州ポーツマス市における講和会議にこぎつけたのであった。

会議は、その戦力枯渇を隠して戦勝の実績をあげ有利な条件を主張する日本と、これくらいの負けには何の痛痒も感じないとするロシアの間で紛糾した。

しかし両国は、最終的に仲介者ルーズベルト大統領の調停をうけいれ、一九〇五年九月、

「ポーツマス条約」を結び講和したのであった。

しかし、このポーツマス条約で日本の得たものは、朝野の大きな期待に反し、領土的には北緯五十度以南のいわゆる南樺太《からふと》（サハリン）のみである。その他関東州の租借、南満州鉄道の経営権という厳しいものだった。

一見大勝利の連続であった日本にとって、この貧しい収穫。親日派といわれた仲介者ルーズベルトの心底は何だったのだろうか。

（2）アメリカの豹変――東洋の番犬からライバルへ

さて、このポーツマス条約での貧しい収穫に、日本の朝野の憤慨は大きかった。連戦連勝の大戦果、しかもそれは莫大《ばくだい》な戦費と膨大《ぼうだい》な人的損失の上に立ってのものである。それに対して、この貧しい結果は何かというわけである。

一方、日本の期待を裏切る条件で両者を調停したルーズベルト大統領の真意は何だったのであろうか。

もちろん、このルーズベルトの調停には、もはや人的資源、戦費、武器・弾薬等が枯渇し、戦争遂行能力を喪失した日本を救うため、早期講和を実現させるという考えもあった。

しかし、もう一つには日本に有利な条件による講和で、力をつけさせるのは何としても防ぎたいという怖るべき思惑があったのである。

それは、アメリカの中国政策、いや外交政策にあった。

アメリカの西部開拓がおわってフロンティアが消滅し、ようやく目をアジア太平洋に向けたとき、その主要部分はイギリスをはじめ欧州列強に植民地化されていた。

そして遅ればせながらハワイを併合、また米西戦争によってフィリピン、グアムを加えたアメリカが目指したのは、唯一原形を残している中国大陸（清帝国）だった。

一八九九年（明治三十二）国務長官ジョン・ヘイが列強にたいして中国問題に関し、⑴領土保全、⑵門戸開放、⑶機会均等の三原則、すなわち「門戸開放宣言」を提唱してその賛同を得て以来、一貫して中国への進出はアメリカの悲願であった。

そのため、中国への大きな野心を持つロシアを抑えるため、東洋の番犬としての役割を演じさせるための日本応援でもあったのである。

かつて日本は「日清戦争」の勝利により、清国から二億三千万両《テール》という莫大な賠償金を得た。これはじつに当時の日本の国家予算の三倍にあたり、日本はこの賠償金で大艦隊を建設し、日露戦争の大きな勝因とした。

いまここで日本がふたたび多額の賠償金を得て、さらに海軍の増強につとめれば、それは即アメリカの太平洋、なかんずく中国への進出の大きな障害となる。

番犬が飼い主と肩を並べてライバルになるのは、何としても防がなければならない。

これが、ルーズベルトの真意だったのである。

以後、アメリカの対日政策は豹変し、俄然きびしくなってくる。

その証拠として、一九〇四年（明治三十七）日露戦争開始直後にアメリカは、対外国別戦争計画「カラープラン」の一環として、対日戦争計画「オレンジプラン」を作成している。早晩、日本が敵対国となることを予想していたのである。

また、以前から問題になっていたカリフォルニア州における日本人の移民にたいする制約――学童隔離、紳士協定、土地所有禁止などのむし返し。

そして明治四十一年（一九〇八）十月、白色艦隊（グレート・ホワイト・フリート）と称する戦艦十六隻からなる大艦隊を横浜に寄港させ、示威恫喝をおこなったのである。

（3）大建艦競争――なぜお互いに仮想敵国視したのか

明治以来、日本の国防方針は陸軍はロシア／ソ連を、海軍はアメリカを仮想敵国とし、太平洋戦争にいたっている。

日本政府と軍統帥部は、日露戦争後の明治四十年（一九〇七）、以後の国防戦略をしめす「帝国国防方針」を策定したが、仮想敵国として第一にロシア、第二アメリカ、そして第三はフランスの順だった。

ちなみにこの順位は、大正十二年（一九二三）の第二次改正でアメリカが第一位に、昭和十一年（一九三六）の第三次改正ではソ連とアメリカが並列で第一位となる。

ロシアを第一とするのはわかる。いまや国防、市場確保など日本の生命線となっている大陸を守るため、伝統的南下政策をとるロシアを第一位とするのは当然である。

それにくらべ、日露戦争時、なにくれとなく協力支援を惜しまなかったアメリカを、たとえ戦争終結後、急に対応が冷淡になったからといって、なぜ仮想敵国としたのだろうか。

それは、いまやアメリカをアジア地域、とりわけ中国進出へのライバルと確認したからであった。

ともあれ、こうした戦略のもと、早晩《そうばん》アメリカ海軍と戦うことを予想した日本海軍は、第一次世界大戦がはじまった大正四年（一九一五）ころから、いわゆる「八八艦隊《はちはちかんたい》」の実現に邁進する。

この八八艦隊というのは、

(1)艦齢八年未満の戦艦八隻、巡洋戦艦八隻に他の補助艦を加えたものを海上防衛の第一線とする。

(2)艦齢九年から十六年の同種、同数の艦をもって第二線とする。

(3)艦齢十七年から二十四年の同種、同数の艦をもって第三線とする。

というもので、これが実現すれば、日本海軍は太平洋での無敵海軍となる。

一方、この日本海軍の動向に大きな脅威を感じたアメリカは八四艦隊二隊の、同じくイギリスは八八艦隊二隊の建設に着手した。

しかし、第一次世界大戦で受けた痛手《いたで》の後遺症に悩むイギリスは、やがてこの建艦競争から脱落する。

そして残された日本とアメリカは、太平洋をはさんで、激しい建艦競争をくり広げるようになった。

第二章　日本海軍の迷走

（1）軍艦で日本が沈む——八八艦隊で国家財政が危うい

日本海軍の努力と国民の献身的な支援により、八八艦隊の建設は進展していった。大正四年（一九一五）まず八四艦隊、同七年に八六艦隊、九年には八八艦隊の予算案が議会で承認されたのである。

こうして大正十年（一九二一）になると日本海軍は、戦艦十一隻、巡洋戦艦七隻、航空母艦一隻をはじめ艦艇総数二五〇隻、総排水量約一〇〇万トンの世界第三位の海軍になっていた。

しかし、これに対する出費も莫大《ばくだい》で、そのピークである大正十年には、国防費の国家予算十四億八九〇〇万円にしめる割合は、海軍四億八千万（三二パーセント）、陸軍二億五千万円、計七億三千万円、計四九パーセントに達し、「軍艦で日本が沈む」といわれる状況になっていた。

時あたかも第一次世界大戦後の経済大恐慌の最中で、さすがの持てる国アメリカも、日本同様この建艦競争に息切れしてしまった。

こうして関係各国は、大正十一年（一九二二）十一月の「ワシントン軍縮会議」を迎えた。

（2）大所高所からの決断――ワシントン会議全権加藤友三郎の明

さて、日本はこの会議の首席全権として、海軍大臣加藤《かとう》友三郎大将（のち元帥）を派遣した。

加藤大将は「日本海海戦」では参謀長として、東郷司令長官をよく補佐した名将である。日本の悲願は、主力艦の保有量（排水量）対米・英七割の確保だったが、参加国の種々のかけ引き、権謀術数の末、米・英五、日本三、仏・伊一・七五の比率となった。

これの受け入れを決断した加藤首席全権の判断は、

(1)あくまで日本が対米七割に固執すれば、孤立化を招く。

(2)いま日本に何かあれば、頼れるのはアメリカしかない。そのアメリカを敵にまわすのは得策ではない。

(3)このまま建艦競争をつづければ、やがては国力に勝るアメリカに大きく引き離されてしまう。たとえ対米六割でも、お互いに枠をはめたことは大成功だった。

という大所高所からの観点に立つものであった。

加藤はこの会議が決着するや、留守をまもる海軍次官井出《いで》謙治中将にあて、先の情勢判断、決心にくわえて政府、議会、海軍部内、与党政友会への対応など、事後の措置をふくめた長文の伝言を口述し、これを筆記した堀悌《てい》吉《きち》大佐（のち中将）に託して急ぎ帰国させた。

この『加藤全権伝言』のなかで特に有名なのは、「即ち、国防は軍人の占有物に非《あら》ず。戦争もまた軍人のみに為《な》し得べきものに在《あ》らず。国家総動員してこれに当るに非《あら》ざれば目的を達成し難し……平たく言えば、金がなければ戦争ができぬということなり」のくだりであった。

加藤は海相として、「八八艦隊」建設の予算化に成功した海軍軍備拡張計画の推進者であった。

その彼が手塩にかけた多くの軍艦を廃棄し、海軍の大幅な縮小をまねくワシントン条約に賛成したのは、関係各国から「最高のステーツマン」との賞賛をあびたように、海軍軍人を超えた政治家としての見識、大所高所からの決断にあったといえよう。

このあと加藤は、高橋是清内閣の後をうけて首相に就任。同条約の実行、列国の非難をあびていたシベリア出兵からの撤兵、行財政改革を推進中の大正十二年八月、惜しくも病没。生前の功績により子爵、元帥を贈られている。

余談ではあるが、条約を締結した直後、加藤はまず随員山梨《やまなし》勝之進大佐（のち大将）を帰国させ、海軍の最長老である東郷平八郎元帥にこの間の事情を詳しく報告させた。

このとき東郷元帥はこれを了承し、「訓練には制限はない」と励ましたと伝えられている。

ロンドン軍縮会議全権送別会にて。右より、若槻礼次郎全権、浜口首相、一人おいて財部彪全権（海相）、幣原外相、安保大将

（3）統帥部の強硬な要求――大もめのロンドン軍縮会議

ワシントン条約で主力艦（戦艦、巡洋戦艦）の保有量を制限された各国は、それを補うため巡洋艦や駆逐艦、潜水艦など、補助艦の充実に狂奔するようになった。

そこで、この補助艦の保有量をも制限しようする動きが起こってくる。

昭和二年（一九二七）スイスのジュネーブで海軍軍縮会議が開催されたが、フランスとイタリアは参加せず、またアメリカとイギリスの間での意見が対立し、なんの収穫もなく散会している。

ついで、昭和五年（一九三〇）ロンドン海軍軍縮会議がひらかれ、日本は首席全権若槻《わかつき》礼次郎前首相、海軍側全権・海相財部《たからべ》彪《たけし》大将らを派遣した。

この軍縮会議での日本の究極の目標は、前々回のワシントン会議と同様に補助艦保有量の対米七割、とくに八インチ主砲（二〇・三センチ）搭載の大型巡洋艦（重巡）七割、潜水艦七万二千トンの堅持で、これは海軍軍令部長加藤《かとう》寛治大将の強い要求であった。

ちなみに、加藤大将は海軍きっての強硬派で、かつてワシントン会議で首席随員をつとめた際、対米七割に固執して騒ぎ、首席全権の加藤友三郎大将に、

「君も中将になったのだから、若い者たちのいうことばかり聞かないで少しは自重したらどうかね」

とたしなめられている。

このような海軍統帥部の強硬な要求とはうらはらに、当時の浜口雄幸内閣は対米英協調、財政難打開を標榜しており、結局は会議の破綻をさけ、補助艦総体で対米六割九分七厘、ただし大巡は対米六割、潜水艦は七万二千トンで対米パリティということになった。

日本海軍の信奉する艦隊決戦において、重巡洋艦の占《し》める役割は大きい。（海戦要務令）

そこで、その劣勢を補うため、その主力である「妙高型」四隻、「高雄型」四隻は、いずれも二〇・三センチ連装砲塔五基、計二十門、六一センチ四連装魚雷発射管四基、速力三十四ノットと、武装、その他性能とともに列国の同一万トン型重巡を大きく凌駕した。

また、新たに建造する軽巡洋艦「最上」型四隻と「利根」型二隻では、重巡と同等の船体に、前者は一五・五センチ三連装砲塔五基、後者は同四基を搭載するが、いつでも二〇・三センチ連装砲塔に換装し、重巡に変身できるようあらかじめ設計されていた。

事実、ロンドン軍縮条約の破棄とともに「最上」型四隻は、二〇・三センチ砲に換装して

重巡となり、また「利根」型二隻は建造中から二〇・三センチ砲を装備したのである。

（4）海軍の分裂――条約派と艦隊派に分かれて対立抗争した

さて、こうしてロンドン条約はまとまったが、当の海軍は大ゆれにゆれた。

日本の置かれている立場を大所高所から見て、この条約の結果はやむなしとする穏健かつ良識派である「条約派」と、絶対反対とする過激な「艦隊派」との間に反目、対立抗争が起こってくる。

こうして起こったのが「統帥権干犯事件」である。艦隊派の頭目である海軍軍令部長加藤寛治大将が、明治憲法第十二条「天皇ハ常備兵額ヲ定ム」の項を楯《たて》にとり、本来、統帥部（軍令部）の所掌事項である兵力の保有量を決定するにあたって、なんの相談もなかったのは、政府から独立している統帥権の干犯であると騒ぎたてた事件である。

ちなみに、明治憲法のもとでは軍隊の統帥権は天皇の大権として政府から独立しており、その根拠は第十一条「天皇ハ陸海軍ヲ統帥ス」と先に述べた第十二条といわれていた。

この統帥権干犯問題は、野党政友会、北一輝たち社会主義者、少壮法学者たちを巻きこみ大きな政治問題となった。

しかし、憲法第十二条に定めた事項は、予算の取得からはじまりすべて政府の所管事項であり、これをもって統帥権干犯とするには大きな無理があった。

国内外の情勢、国民の支持、わけても昭和天皇の強い支持もあり、「ライオン」との異名をとる剛毅な浜口首相は、断固としてこの条約の承認、批准をとりつけ、このロンドン軍縮条約は発効したのである。

こうして、ロンドン軍縮条約は表面上、一段落したが、海軍部内に残した禍根は大きかった。上層部は先に述べた「条約派」と「艦隊派」の真っ二つに割れてしまったのである。

そしてこの抗争に決着をつけたのが、いわゆる「大角人事」であった。

昭和八年（一九三三）から九年にかけて、時の海軍大臣大角岑生《おおすみみねお》大将が、条約派の山梨勝之進大将、左近司政三中将、寺島健中将、堀悌吉中将らを、一網打尽に予備役《よびえき》に編入してしまったのである。

この大角人事は、艦隊派にたきつけられ、条約派の対米弱腰《よわごし》に憤慨した軍令部総長伏見宮《ふしみのみや》博恭王《ひろやすおう》元帥および軍事参議官東郷《とうごう》平八郎元帥の差し金によるものといわれている。

いずれにせよ、大所高所からものの見える良識派の提督を一掃したことが、太平洋戦争開戦に際しての海軍部内の混乱、とりわけ開戦決定についての優柔不断な態度に大きく影響していることは間違いない。

第三章　国家の運命か部内の事情か

(1) 日中の和平を壊した者——それは海軍、しかも米内光政だった

昭和十二年（一九三七）七月、中国の北平（北京）郊外盧溝橋《ろこうきょう》ではじまった「北支事変」は、翌八月、上海に飛び火し「第二次上海事件」となった。

上海における居留民保護担当の海軍の強い要請で派遣された上海派遣軍は、ドイツ式装備に身をかためた中国軍の前に大苦戦する。

しかし十一月、新編第十軍が杭州湾に上陸し、中国軍の背後を衝いたためようやく勝利をおさめることができた。

この三ヵ月の戦闘における日本側の損害は、戦死九一一五名、戦傷三万一二五七という甚大なものであった。

以後、上海派遣軍と第十軍を合わせて中支方面軍（司令官松井《まつい》石根《いわね》大将）を編成、敗走する中国軍を追って首都南京にせまった。

海軍大臣・米内光政大将

はじめ参謀本部は、制令線をもうけて現地軍の進撃を停止させようとするが、勢いに乗った現地軍がいうことを聞くはずがない。

この事態を心配したのが、ナチス・ドイツ総統アドルフ・ヒトラーだった。

この頃、ドイツと中国の関係は深く、ファルケンハウゼン中将を団長とする軍事顧問団を送りこんで中国軍の近代化を推進中で、また貿易量も多い。

いま日本と中国が争うのは、日独共通の敵ソ連と中国共産党に「漁夫の利」を与えるだけだ、という危惧である。

そこでヒトラーの指示をうけた在中国大使トラウトマンは、蔣介石総統と広田弘毅外相を仲介し和平交渉をうながした。

このとき広田は、比較的穏健ないわゆる「第一条件」を中国側に提示した。しかし、なかなか蔣介石からの回答がこない。

そうこうするうち、首都南京は陥落する。

これに増長した日本政府は、第一条件に厳しい条件を加重した「第二条件」を示し、これの受諾をせまった。この追加条件は、「満州国の承認」など中国の主権をおびやかす過酷なもので、これを誇り高い蔣介石がのむはずがない。

そこで日本側は、政府を中心に和平交渉打ち切りの動きとなった。強硬論者は海相の米内光政大将を筆頭に陸相杉山元《すぎやまはじめ》大将、内相末次信正《すえつぐ》（海軍大将）である。

これに対し統帥部は参謀本部、軍令部とも、交渉継続によりこの戦火をおさめようとする考えである。

政府が戦火拡大を望み、統帥部がこれに反対するという、珍しいケースである。

明くる昭和十三年一月十五日の大本営政府連絡会議で、大所高所から交渉継続を説く参謀次長多田駿《ただはやお》中将にたいし米内海相は、

「こうなったら参謀本部がやめるか、政府がやめるか、どちらかだ」

と内閣総辞職をちらつかせて、交渉打ち切りに押し切ってしまった。

そして近衛首相を説いて、翌十六日「帝国政府は爾今《じこん》国民政府を相手とせず……」との政府声明を出させた。

このように日中戦争における和平の千載一遇のチャンスを自らつぶし、その泥沼化をまねいた元凶は、あの平和論者ともてはやされる米内光政だったことは、記憶されてよいのではあるまいか。

（2）三国同盟始末——反対だったはずの海軍が豹変した

昭和十四年（一九三九）十月、ドイツは日本に対し「日独伊三国同盟」の締結を申し入れ

てきた。

この件はすでに結ばれていた「日独伊三国防共協定」の強化、軍事同盟化として、前年の昭和十三年一月、ドイツが強く申し入れてきたといういわくつきである。

ドイツの意図は、この同盟を結ぶことにより、日本にアメリカを牽制《けんせい》させ、その欧州大戦への参加を阻止しようというものである。

このとき日本は、そのほとんどを依存しているアメリカを敵にまわすことへの危惧から、昭和天皇、外務省、海軍、とくに「海軍左派トリオ」といわれた海相米内《よない》光政大将、次官山本《やまもと》五十六中将、軍務局長井上《いのうえ》成美少将の頑強な反対で破談になった。

しかし、今回は状況が大きく違っていた。第二次世界大戦がはじまり、ドイツはポーランド分割、北欧制覇、そして一九四〇年に入り陸軍大国フランスを西方作戦で一気にくだし、いままたイギリス本土上陸を目指し猛爆撃をくわえている最中で、その屈伏も時間の問題と考えられていた。

この天馬空《くう》を行くドイツの快進撃を見て、同盟国日本は国をあげて「これに便乗しない手があるか」と沸きたった。

このまま傍観すれば、ドイツは中東を経てインド（洋）、東南アジア、そして太平洋に出てくるであろう。そうすれば、日本の分け前はなくなる。

いまこそドイツと手を結び、アジアに覇をとなえるべきだと、陸軍やドイツの意をうけた右翼団体の情報操作により、マスメディアや国民は熱狂し、「バスに乗り遅れるな」をスローガンとして提携強化をもとめた。

じつは、これとは別に軍事、外交上の深刻な問題があった。

このころドイツは、わが国外務省に「太平洋を制覇したのち、かつてドイツ植民地であった地域はすべて回収する」「いま、日本の委任統治領になっているマーシャル、カロリン、マリアナ諸島は、しかるべき対価により再交付してもよい」と申し入れていた。

この際、ドイツと同盟を締結し発言権を維持しなければ、太平洋におけるわが国の権益は一気に失われる。

そこで陸軍の力をかりて親米反独の米内内閣を倒し、あとを継いだ近衛内閣の外相松岡《まつおか》洋右の強い指導で同盟締結につっぱしった。

その裏には外務省・陸軍・海軍の中堅どころの強い支持があり、そして、同盟締結反対の最後の砦であった海軍が豹変した。

海軍の首脳たちは、もちろん同盟締結に反対である。

ところが、海軍省や軍令部の中堅どころの課長、先任部員の大佐、中佐クラスが、陸軍の中堅クラスと気脈を通じて同盟締結に賛成し、首脳を強力に突き上げた。

当時の海軍の組織運営の実状はいわゆるボトムアップで、実務を計画実行するのはこれら大佐、中佐クラスで、その上に乗っかっている首脳たちには彼らを押さえる力はなかった。

時の海相吉田《よしだ》善吾大将は、これら中堅のつき上げに抗しかね、ノイローゼになって倒れてしまった。

代わった海相及川《おいかわ》古志郎大将は、「これ以上反対しては、部内の統制がとれなくなる」という理由で賛成してしまった。

これを聞いた昭和天皇は「海軍は国家の運命と、部内の事情を同等視するのか」と嘆かれたと伝えられている。

こうして、昭和十五年（一九四〇）九月二十七日、松岡洋右外相はベルリンにおいて「日独伊三国同盟」に調印、日本は太平洋戦争への第一歩を踏み出した。

ところで、前回の同盟締結騒動のとき、もっとも強硬な反対論者だった連合艦隊司令長官の山本五十六大将は、このときどうしたのだろうか。

彼は一期先輩である及川海相に意見をもとめられると、「ここまでくれば（賛成も）やむを得ない」と他人事《ひとごと》のように答え、及川海相はこれを頼りに最終決断をしたと伝えられている。

（3）海軍は日米開戦に反対——果たしてそれは本当だったのか

太平洋戦争の開戦にあたって、海軍は反対だったが、それを貫く勇気に欠けたばかりに、陸軍に引きずられてしぶしぶ同意したというのが定説になっているが、果たして本当だろうか。

最初は、確かにそうだった。

昭和十四年四月、日米関係の改善に尽力中アメリカで客死（二月）した駐米大使斎藤《さいとう》博の遺骨が、その死を悼んだ米ルーズベルト大統領差し回しの巡洋艦アストリアで帰国した。

このアストリア号の艦長以下、乗組員の歓迎慰労パーティの席上、米内光政海相は駐日アメリカ大使グルーの、

「日本はアメリカと戦争をするつもりではないか」

との問いに対し、

「日本海軍に関する限り、アメリカと戦争する気はまったくない」

と断言している。

ところが、それが豹変した。

そのきっかけは「日独伊三国同盟」の締結と、第二次世界大戦におけるドイツ軍の「天馬《てんば》空を行く」快進撃にあった。

この頃から海軍部内では、海軍省や軍令部（省部という）を実質的に動かしている中堅の大佐、中佐クラスの親独反米化が進んでゆく。

昭和十五年十二月、及川古志郎海相は流動化する世界情勢に対応し、以後の海軍の方針を決めるため「海軍国防委員会」を発足させた。

委員長は海軍省軍務局長岡《おか》敬純少将、メンバーは省部の課長、先任部員の大佐、中佐クラスの対米強硬論者たちで、その目指す方向は「対米戦も辞せず」である。

明くる十六年四月、海軍は伏見宮軍令部総長を勇退させ、最古参の永野修身大将を就任させた。この交代劇は万一対米戦になった場合、皇族に類を及ぼさないという配慮である。また同時に「海軍戦時編制」を改定し、世界最初の空母機動部隊である第一航空艦隊や第三艦隊などを新編している。

この頃になると、海軍部内の対米戦にたいする色分けは、海軍省の上層部は反対ながら、実権をにぎる課長級以下の中堅層は積極的強硬論者で占められている。

軍令部は、この期にいたっては、もはや開戦やむなしとの覚悟を固めた永野総長をはじめ、全体的に対米戦も辞せずとの動向である。

実戦部隊である連合艦隊では、すでに対米戦は既定のものとして、山本五十六長官の発想によるハワイ真珠湾攻撃にむけての計画、準備に血道《ちみち》をあげている状態である。

すなわち、海軍はすでに対米開戦を覚悟し、その準備に邁進していたのである。

そして六月、「海軍国防委員会」にあって、戦争指導をはじめ海軍の政策策定の中枢である第一委員会は、強まるアメリカの対日経済制裁、これを打開すべき日米交渉の不調など時下の情勢をふまえ、「今や対米和戦の最後の鍵をにぎるものは海軍をおいて他にない」との認識のもと、「わが国に重大な結果をもたらすような事態が起これば、対米をも含み戦争をも辞さない」旨の「現情勢下において帝国海軍の執るべき態度」を決定した。

ついで八月、海軍主導に陸軍が乗った南部仏印進駐にたいし、アメリカは「在米日本資産の凍結」、「石油の対日全面輸出禁止」でこれに報いた。

当時、日本の石油備蓄量は九四〇万キロリットル、戦時における海軍の使用量の一年〜一年半分にしか過ぎない。国産量は年四十万キロリットルである。

これでは、座して死を待つばかりである。こうして、海軍をもふくめ対米開戦論がいやがうえにも高まってきたのである。

そして九月六日、昭和天皇の臨席を得て開催された「御前会議」では、以後の国家戦略を示す「帝国国策遂行要領」を決定、外交交渉と併行して十月下旬完成を目途として対米英蘭戦争準備にかかることになった。

それから一月たった昭和十六年十月十二日、近衛文麿首相の別邸荻外荘《てきがいそう》において、先の御前会議で決定済みの対米開戦の件を再確認するための「五相会議」が開かれた。

集う者は近衛首相、東郷茂徳外相、東条英機陸相、及川古志郎海相、そして鈴木貞一企画院総裁の五人である。

このときの彼らの胸のうちは、御前会議において時の勢いで開戦を決めたものの、よく考えてみれば国家の存亡を賭けた重大事である。もう一度よく考え、なんとか戦争を回避できないかという気持ちで一杯だった。

対米戦争となれば、その主役は太平洋担当の海軍である。その海軍が、「対米戦争はできない」といえば、いかな陸軍といえども戦争はできない。

このときの出席者の心中は、東条陸相をもふくめ、「海軍が開戦に反対してくれれば、アメリカと戦わないですむ」との願いで一杯だった。

ところが、海軍部内の状況は先に述べたように指導力を失っている上層部をのぞき、対米戦も辞せずという強硬論ですでに一致しており、これに反対することはもうできない。

また、今ここでアメリカと戦争はできないといえば、海軍一人が悪者になり、いままで何をしていたのかと言われてその声望は地に落ち、立場がきわめて悪くなる。また強硬論をつらぬく陸軍との間で内戦が起こるかもしれない。

このようないろいろな思惑から、対応に窮した及川海相は、この願いをよそに、

「海軍は戦争はしたくない。しかし、御前会議ですでに決定していることであり、今更できないとはいえない」

とし、

「和戦のいずれかは総理に一任する」

と責任を回避し、戦争にはズブの素人である近衛首相に決断を押し付けてしまった。

こうして、この五人の国家最高指導者たちは、開戦即亡国とは十分に知りながら、勇気を欠いたばかりに時の勢いに流され、意に反して開戦を肯定し日本をあの悲惨な太平洋戦争にみちびいてしまった。

このあと第三次近衛内閣は総辞職し、代わってまったく意外にも陸軍中将東条《とうじょう》英機が首相となる。陸軍を抑えることができる唯一の人物と目されての登用である。ちなみに彼は、首相就任とともに大将に昇進した。

一般に彼は、太平洋戦争をはじめた張本人のようにいわれているが、あくまで平和をのぞむ昭和天皇の意を体し、すでに御前会議で決まっている十月下旬開戦を延期し、最後まで日米関係の打開に努力したことは記憶されてもよい事実である。

第二部 検証—日本海軍の作戦

トラック泊地に碇泊する戦艦「大和」(左)と「武蔵」

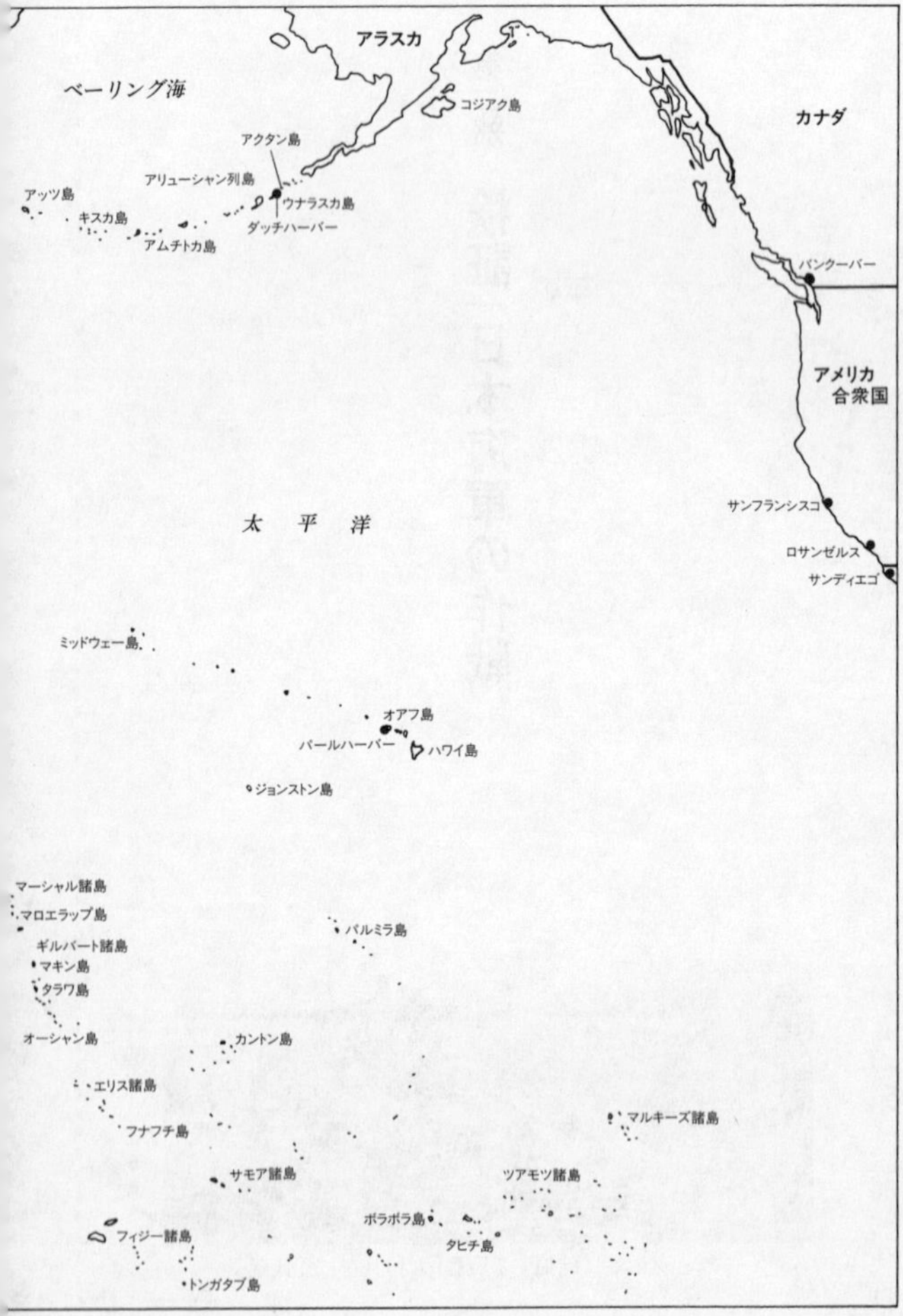
アラスカ
ベーリング海
コジアク島
カナダ
アクタン島
アリューシャン列島
アッツ島
ウナラスカ島
キスカ島
ダッチハーバー
アムチトカ島
バンクーバー
アメリカ合衆国
サンフランシスコ
太平洋
ロサンゼルス
サンディエゴ
ミッドウェー島
オアフ島
パールハーバー
ハワイ島
ジョンストン島
マーシャル諸島
マロエラップ島
パルミラ島
ギルバート諸島
マキン島
タラワ島
オーシャン島
カントン島
エリス諸島
マルキーズ諸島
フナフチ島
サモア諸島
ツアモツ諸島
ボラボラ島
フィジー諸島
タヒチ島
トンガタブ島

太平洋戦域要図

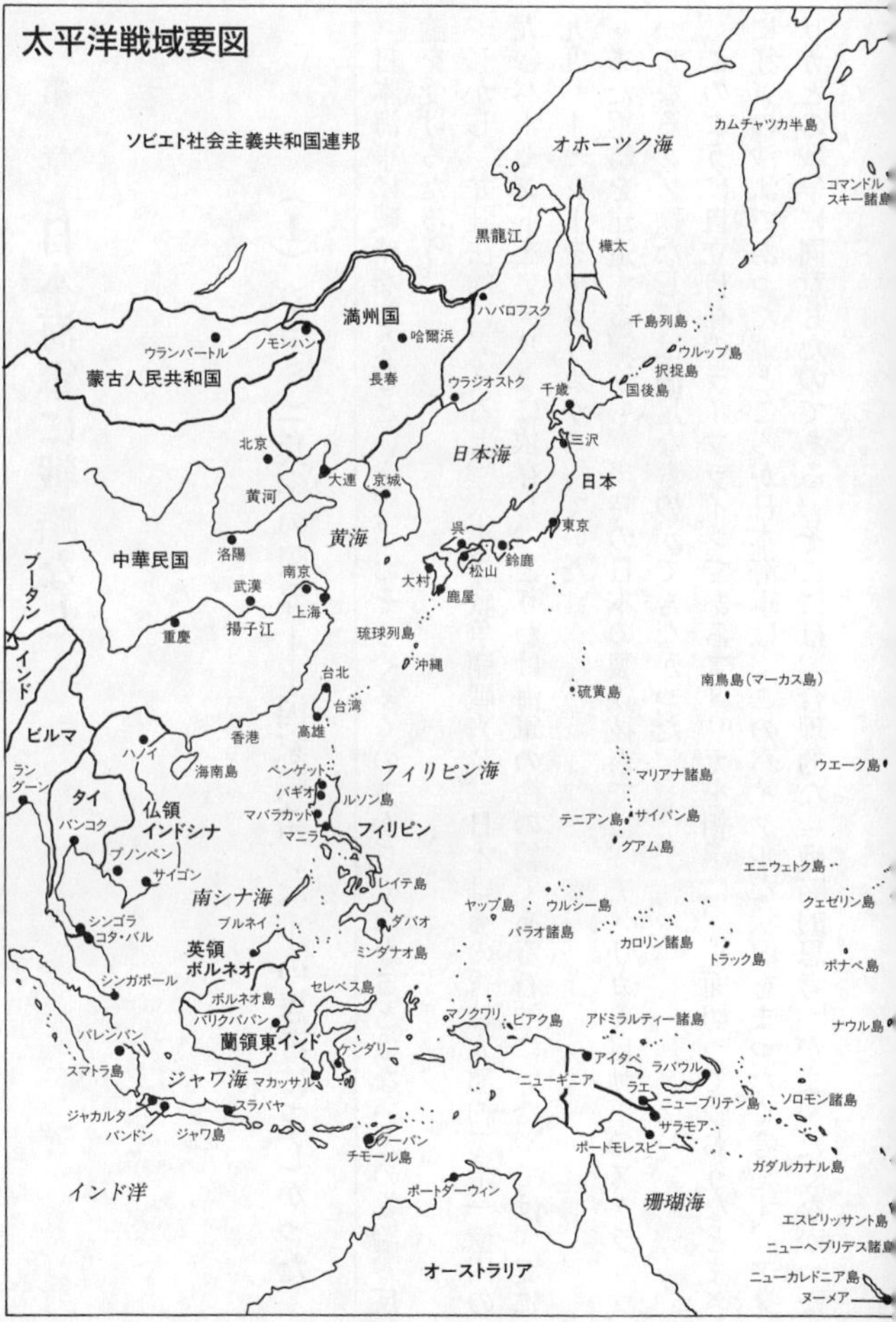
ソビエト社会主義共和国連邦
オホーツク海
カムチャツカ半島
コマンドルスキー諸島
黒龍江
樺太
ハバロフスク
千島列島
ウルップ島
択捉島
国後島
満州国
哈爾浜
長春
ノモンハン
ウラジオストク
ウランバートル
蒙古人民共和国
千歳
三沢
日本海
日本
北京
大連
京城
黄河
東京
呉
鈴鹿
黄海
松山
大村
鹿屋
洛陽
中華民国
南京
武漢
上海
重慶
揚子江
ブータン
インド
琉球列島
沖縄
台北
台湾
硫黄島
南鳥島（マーカス島）
ビルマ
香港
高雄
ハノイ
海南島
ベンゲット
フィリピン海
ラングーン
バギオ
ルソン島
タイ
仏領インドシナ
マバラカット
マリアナ諸島
サイパン島
テニアン島
バンコク
マニラ
フィリピン
グアム島
ウエーク島
プノンペン
サイゴン
エニウェトク島
南シナ海
レイテ島
ヤップ島
ウルシー島
クェゼリン島
シンゴラ
ブルネイ
ダバオ
パラオ諸島
コタ・バル
カロリン諸島
英領ボルネオ
ミンダナオ島
トラック島
ポナペ島
シンガポール
ボルネオ島
セレベス島
マノクワリ
ビアク島
アドミラルティー諸島
ナウル島
バリクパパン
パレンバン
蘭領東インド
ケンダリー
アイタペ
ラバウル
スマトラ島
ジャワ海
マカッサル
ニューギニア
ラエ
ニューブリテン島
ソロモン諸島
ジャカルタ
スラバヤ
サラモア
バンドン
ジャワ島
クーパン
ポートモレスビー
チモール島
ガダルカナル島
ポートダーウィン
インド洋
珊瑚海
エスピリッサント島
ニューヘブリデス諸島
オーストラリア
ニューカレドニア島
ヌーメア

第一章　日本海軍に戦略なし

(1) ジョミニ兵学の限界——国家戦略レベルの思考に乏しかった

日本海軍に戦略なしなどといえば、おそらく多くの方からそんなことはないとの異論、反論を受けるだろう。

しかし、弁証法的に考えると、太平洋戦争開戦当時、日本はその総輸入額約二十一億円の九〇パーセントをアメリカに依存し、とりわけ海軍の命の綱である石油にいたっては、実に九九パーセントをアメリカから得ていた。

また軍艦を建造する鋼鉄も、当時の日本の製鉄技術では、アメリカの自動車のスクラップからなるクズ鉄なしには満足なものができなかった。

このように自立自存のライフラインであるアメリカを相手に、正面切って戦おうなどまさに狂気の沙汰であった。ところが日本海軍は、このバイタルな状況をまったく考えず、アメリカとの戦争に同意したのである。そこには、合理的な「戦略的思考」がまったくなかったのである。

その最大要因は、信奉する兵学思想にあった。

近代兵学には二つの大きな流れがある。その一はジョミニ式で、もう一つはクラウゼヴィッツ流である。

アントワーヌ・A・ジョミニは十八世紀スイス生まれ、ナポレオンの幕僚をつとめ、のちにロシア軍に転じて陸軍大将になった。その著には『戦争概論』がある。

一方、彼の好敵手カール・フォン・クラウゼヴィッツも、同年代生まれのプロシャの将軍。自身も捕虜になったナポレオン戦争の深刻な経験をもとに名著『戦争論』をあらわし、いまも名声が高い。

アントワーヌ・A・ジョミニ

両者の違いは、ジョミニが「いかにして戦うか」との方法論に徹したのに対し、クラウゼヴィッツは「戦争とは何か」という根本から説き起こしたところにあった。

この両者の考えの違いをはっきり浮き立たせるのは、戦略と戦術の関係である。

ジョミニの考えは、「戦略と戦術は本来同一のもので、単に規模の大小、戦場からの遠近で区別するに過ぎない」というものであった。

一方のクラウゼヴィッツは、「ある目的を達成するための大方針が戦略、そしてこの戦略を実現するための手段が戦術である」と両者はまったく異質なものとした。

日本海軍は明治中期、名参謀秋山《あきやま》眞之が、アメリカの大兵学者A・T・マハンからジョミニ式兵学を導入したのをきっかけに、この兵学が定着した。

したがって、クラウゼヴィッツの提唱する、「戦争とは他の手段をもってする政治の延長にほかならない」に代表される、軍事はあくまで国家目的を達成するための手段であり、したがって軍事は政治に従属するという観念を持たなかった。

いいかえれば、国家戦略、国防戦略レベルの思考に乏しく、与えられた情勢のもとでいかにして戦うかということ、すなわち「作戦戦略」以下の思考に終始したといえる。

また、戦略と戦術の区別がつかず、本末転倒、枝葉末節にこだわる戦いをくり返し、クラウゼヴィッツ式の合理的な戦略、戦術をとるアメリカ海軍に完敗したのである。

ちなみに日本陸軍も、幕府陸軍からフランス軍制をひきついだことから、その兵学思想は終始一貫して海軍と同じジョミニ式で、まったく同じ愚をおかした。

(2) 日本海海戦の呪縛――存立目的を艦隊決戦に特化してしまった

さて、狭視野のジョミニ兵学を取り入れた日本海軍の兵学/兵術思想を固定化してしまう出来事が起きた。「日本海海戦」である。

この海戦では、東郷平八郎大将（のち元帥）率いる連合艦隊が、遠来のロシア・バルチック艦隊をパーフェクトゲームに破った。

この艦隊決戦の大勝利が、（ロシアにとっては一局地戦争に過ぎない）日露戦争勝利の大きな要因になったことから、日本海軍では艦隊決戦がその存立の目的になってしまった。

いうまでもなく、海軍存立の理由は海上からの国土、国益の防衛で、その方策は「制海(sea control)」の獲得である。

その制海獲得の具体策には、この艦隊決戦をはじめ海上交通の保護、沿岸、港湾の防備、封鎖、敵根拠地の攻撃などの手段がある。

ところが日本海軍は、日本海海戦のあまりにあざやかな大勝とその効果から、本来は制海獲得の一手段にすぎない「艦隊決戦」を海軍存立の目的と取り違えてしまった。

以後の海軍は、太平洋を押し渡ってくるアメリカ海軍を西太平洋マリアナ諸島沖で邀撃《ようげき》、これを艦隊決戦で撃破するドクトリンを信奉し、そのために兵力を整備し、訓練に熱中する単機能的海軍になってしまった。

この邀撃作戦では、連合艦隊司令長官の坐乗する旗艦につづく各艦隊、戦隊は、長官の命ずるがままの艦隊運動を行ない、ひたすら主力艦（戦艦、巡洋戦艦）の大口径主砲による砲撃戦を行なう。

ごく短絡的にいえば、この艦隊決戦至上主義の日本海軍には、もはや戦略、戦術は不要だったのである。

そこにあるのは「術科《じゅつか》」とよんでいた、どうすれば艦隊運動をうまくやるか、どうすれば大砲や魚雷の命中率を向上させるかなど、戦闘技術の向上だけであった。

また、そのような一発勝負の短期決戦主義であるので、ライフラインであるロジスティクス（後方支援）についての関心がほとんどなかった。

その上、それにともなう「攻撃は最良の防御」（海戦要務令）との観念から防衛／防御にほとんど意を用いなかった。

その結果、アメリカ海軍の戦略的には高速空母機動部隊の強大な機動打撃力、史上初の水陸両用戦部隊の拠点攻撃、潜水艦や航空機による海上交通路の切断、戦術的には航空機や潜水艦による攻撃、機雷敷設などにまったく対応できず連戦連敗し、最後には立ち枯れ状態になってしまったのである。

（3）長期持久か連続攻勢か――軍令部と連合艦隊の相剋のはてに

昭和十七年（一九四二）三月、海軍の第一段作戦は真珠湾攻撃、東南アジアにおける連合軍艦隊撃滅、インド洋におけるイギリス海軍の一掃など、きわめて成功裡に終始した。

一方、陸軍の南方作戦も、フィリピン、仏印、蘭印、そしてシンガポール攻略と同じく成功のうちに終わった。

これを総括して大本営の行なった情勢判断の結論は「（連合軍が）豪州及びインド洋方面より逐次戦略要点を奪回反撃し来たる時期は、おおむね昭和十八年（一九四三）以降なるべし」というものであった。

そして以後のとるべき戦争方針は、

・英を屈服し、米の戦意を喪失せしめるために引き続き既得の戦果を拡充して、長期不敗態勢を整えつつ機を見て積極的方策を講ず。

・占領地域及び主要な交通線を確保して国防重要資源の開発利用を促進し、自給自足の態勢の確立及び国家戦力の増強に努む。

・以下略

と決定していた。（昭和十七年三月七日、大本営政府連絡御前会議）

すなわち、大本営陸海軍部とも、初戦の戦勝の成果を担保に、長期不敗の持久戦を行なうというものであった。

これを受けた陸軍は、この戦争の目的である大東亜共栄圏の確立がほぼ終わったと判断し、その担当の軍政地域に警備師団を残して、南方に展開していた近衛《このえ》師団など主力部隊の本国帰還あるいは中国、満州への配備転換を行なおうとしていた。

そして以後の戦略としては、ビルマ経由でインドに出、地中海を制して中東からインド洋に進出してくるドイツ、イタリアと手を結ぶというものであった。

一方の海軍は、突如この長期持久の戦略方針をすて、驚くべき積極的攻勢戦略に変換した。

すなわち、北方ではアリューシャン列島の攻略、中部太平洋ではミッドウェー経由ハワイ攻略作戦。そして南太平洋方面では、連合軍の反攻はオーストラリアを拠点にはじまると判断し、豪州北部の攻略、米〜豪の海上交通路遮断のためのフィジー、サモア諸島攻略という夢のような途方もないものであった。

この海軍の豹変は、いつに連合艦隊司令長官山本五十六大将の強い主張にあった。

彼の考えは、「強大なアメリカ海軍を相手に長期守勢はできない。連続攻勢作戦により戦機を見い出し一大打撃を与え、講和への道を探る」というものであった。

もとより長期持久をかかげる海軍最高の意思決定機関、大本営海軍部＝軍令部は、この山本長官の考えには反対であった。

しかし、真珠湾攻撃の大成功により山本大将の権威はいやが上にも増し、海軍部内にこれに反対できる者はいなかった。

そして軍令部も、やむなく長期持久戦略をすて、連続攻勢作戦に百八十度転換したというのが実相であった。

その結果はミッドウェー海戦の完敗、アッツ島の玉砕。また南太平洋では、ニューギニアの要衝ポートモレスビー攻略作戦、ガダルカナル島争奪戦にはじまるソロモン諸島、ニューギニア島での一大消耗戦に巻きこまれ、完全に戦力を消耗してしまった。

要するに、海軍に確たる戦略がなく、山本大将という一個人の恣意《しい》に振りまわされた悲劇／喜劇の結末といえよう。

第二章　賭博師、大バクチに敗れる

(1) 乾坤一擲の投機的な作戦にとりつかれた山本五十六

昭和十六年（一九四一）十二月八日（現地時間七日）、第一航空艦隊司令長官南雲《なぐも》忠一中将の率いる日本海軍機動部隊（空母六隻基幹）は、アメリカ海軍太平洋艦隊の根拠地、ハワイ・オアフ島の真珠湾を攻撃した。

この攻撃は完全な奇襲となり、戦艦四隻撃沈、同四隻大破をはじめ在泊艦艇多数を撃沈破、航空機約三一〇機撃墜破、これに対する日本側の損害は航空機二十九機を失っただけという驚異的な大戦果をあげた。

この真珠湾攻撃は、アメリカをよく知る連合艦隊司令長官山本《やまもと》五十六大将の、「強大な国力を持つアメリカと戦うからには、緒戦で大打撃を与え、アメリカ軍民の士気を沮喪させ早期講和に持ち込む以外に手はない」

という強い信念により、軍令部の強い反対をねじ伏せ実行されたといわれている。

ハワイ作戦の実現に固執した山本五十六

しかし、ここで大きな疑問がうまれる。連合艦隊が軍令部を論破し、総長永野《ながの》修身大将（のち元帥）のハワイ作戦実行の承認を得たのが同年の十月十九日、真珠湾攻撃の五十日前。このような短期間で、この大作戦の計画、準備実行ができるものではない。

とすると、このハワイ作戦については、はじめから両者の間に暗黙の連係があったのではあるまいか。

山本大将の頭に空母機動部隊によるハワイ攻撃がひらいめいたのは、昭和十五年（一九四〇）三月の連合艦隊の航空機による艦船攻撃の研究作業だったといわれている。

この研究作業においては、圧倒的な航空機の優勢が確認され、これを見ていた山本長官は、かたわらの参謀長福留《ふくとめ》繁少将に「航空機でハワイを叩けぬものか」と語ったのである。

また同年十一月、英空母イラストリアスから発進した旧式複葉の雷撃機が、イタリア半島南端のタラント軍港を急襲し、イタリア海軍のほこる新鋭戦艦リットリオはじめ三隻を大破させ、地中海における制海権を奪取したこともヒントになったのではあるまいか。

翌十六年一月、彼は第一航空艦隊（空母機動部隊）参謀長草鹿《くさか》龍之介少将、第十一航空艦隊（基地航空部隊）参謀長大西《おおにし》瀧治郎少将に、空母機動部隊によるハワイ真珠湾攻撃の研究を指示した。

また同月七日、山本大将は海軍大臣の及川古志郎大将あて、「戦備に関する意見」という長い書簡を送った。

彼はそのなかでハワイ作戦の構想を述べ、また「自ら航空艦隊司令長官になってこの作戦を実行する。

この場合、連合艦隊司令長官には、大所高所から物が見える適任者をあててもらいたい」と信念を披瀝《ひれき》している。

山本大将の真珠湾攻撃の大義名分として引用される、「開戦劈頭《へきとう》敵主力艦隊を猛撃撃破して米海軍及《および》米国民をして救う可《べ》からざる程に其の志気を阻喪せしむ」は、この意見書の文中にある。

しかし、この山本大将のハワイ真珠湾攻撃は、日本海軍が一貫してとってきた西太平洋における邀撃戦略、また太平洋戦争における国家戦略である南方地域の重要資源確保のための南方作戦とはまったく異質で、そしてバクチ打ちと自他共に認める彼らしい乾坤一擲《けんこんいってき》の投機的な作戦である。

そこで彼は、南方作戦を主作戦と考えている軍令部に、「飛び入り」のハワイ作戦をどのようにして認めさせようとしたのだろうか。

（2）恐るべき執念——強引かつ巧妙な手段でハワイ作戦の実現につとめた

太平洋戦争における海軍作戦の準備が、国策にそった南方作戦で進んでいるなか、山本大将は強引かつ実に巧妙な手段でハワイ作戦の実現につとめていた。

昭和十六年四月、軍令部総長伏見宮《ふしみのみや》博恭王元帥が引退し、永野修身大将に代わったのを機に、軍令部内の要所を自分のシンパで固めた。

まず腹心の福留少将を軍令部作戦部長（第一部長）に送り込み、そのあとの連合艦隊参謀長に伊藤整一少将を迎えた。

そしてわずか四ヵ月後の八月、伊藤少将を軍令部次長に転出させ、そのあとに前作戦部長の宇垣纒少将を参謀長として迎えた。

すなわち、彼のハワイ攻撃に同意する者で、軍令部と連合艦隊の中枢部をかためてしまったのである。なかでも伊藤少将のわずか四ヵ月の連合艦隊参謀長勤務は、山本大将との意見のすり合わせともとれる。

以後山本大将は、公然とハワイ作戦の実現に向け、既成事実を積み上げてゆく。

・八月二十二日、軍令部作戦課は参謀本部作戦課に対し、「ハワイ奇襲作戦」の腹案を提示した。

・九月に入り、ハワイ攻撃にあてる第一航空艦隊の飛行機隊の猛訓練を、真珠湾に見立てた鹿児島・錦江湾、同・志布志湾、そして大分の佐伯湾で開始した。

・九月十一〜十七日、海軍大学校において海軍作戦特別図演を行ない、そのうち十六日と十七日を「ハワイ作戦特別図演」に充当した。

・十月三日、ハワイ作戦研究を指示していた一航艦参謀長の草鹿少将と十一航艦参謀長の大西少将が、それぞれの司令長官の承認のもと山本長官に対し、「成功率は五分五分、アメリカ国民を刺激する作戦はやめた方がよい」と報告。これに対し山本大将は、その労を謝すとともに、「あくまで実行する」と述べ協力を求めた。

・十月十一日、旗艦「陸奥《むつ》」艦上における「ハワイ作戦図演」において、参集の各艦隊司令長官はじめ各級指揮官約五十人に対し、「私が連合艦隊司令長官であるかぎり、ハワイ作戦はやる！」と宣言した。

そして十月十九日、先任参謀黒島《くろしま》亀人大佐を上京させ、いまだハワイ作戦をしぶっている軍令部に対し、

「ハワイ作戦が実現できねば山本長官は職を辞する考えである」

と迫った。

この旨を伊藤次長が永野総長に取り次ぎ、永野総長が、

「山本長官がそこまで自信があるというのならば、総長として責任をもって希望どおり実行するようにします」

と政治的決断をした。

一般に、この十月十九日のやりとりで、山本大将のハワイ真珠湾攻撃はようやく認知され陽《ひ》の目《め》を見たといわれている。

しかし、先にも述べたように、この日から実行の十二月八日まで二ヵ月ないのである。この短期間で、この一大作戦が計画、実行できるわけがない。

この項で縷々《るる》述べたように、この真珠湾攻撃は山本大将の発想以来、軍令部と連合艦隊司令部の暗黙の連係のもとに準備され、この日のかけ合い、そして永野総長の最終決断は、正式認知のためのセレモニーだったのではあるまいか。

このことを見すかしていた同期生の嶋田繁太郎海相は、

「山本は戦争反対のようなことをいっているが、真珠湾攻撃という大バクチを打ってみたいようだ」

と述べているが、この言葉が案外、正鵠《せいこく》を射ているのではあるまいか。

しかし、ここで考えなければならない重大な問題がある。

連合艦隊がいかに日本海軍の最大、最高の作戦部隊とはいえ、日本の統帥機構のなかの一つの出先機関である。

いかに自分に確たる信念自信があっても、策を弄して既成事実をつみあげ、最後に辞職をちらつかせて上級機関にゴリ押しするなど下剋上《げこくじょう》の最たるものである。

上司の考えを逸脱することをきびしく戒められているアメリカ海軍ならば、即日更迭《こうてつ》であろう。

（3）目算はずれる——米国民を戦争に立ち上がらせてしまった

賭博師をもって任ずる山本五十六大将の打った大バクチ「真珠湾攻撃」は、その周到な準備や猛訓練、企図や行動の徹底した秘匿《ひとく》などにより大成功をおさめた。主将連合艦隊司令長官の山本大将は、特に勲一等旭日大綬章と功二級金鵄《きんし》勲章を授与された。

ちなみに、大東亜戦争中は生存者にたいする叙勲は行なわないことになっていたので、これは異例中の異例で、一部には「一将功なりて万骨枯る」との批判もあった。

ところが、相手方のアメリカから見れば、この攻撃の成果に対する見方はガラリと変わってくる。

山本大将のライバル、太平洋艦隊司令長官C・W・ニミッツ大将（のち元帥）は、その損害はそう大したものでないと述べ、その理由として次をあげている。

・撃沈破されたのは、いずれも旧式戦艦であり、もともとその低速ゆえ空母機動部隊とは行動を共にできない。

・壊滅したこの戦艦群の練度の高い乗員を、結果的に対日反攻の主力となる高速空母機動部隊と水陸両用戦部隊に充当できた。

・撃沈破された旧式戦艦は、引き揚げて修理大改造され、水陸両用戦部隊のうちの支援部隊として、日本海軍の守る島々の攻略に大活躍した。
・航空母艦はまったく無傷だった。
・かけがえのない真珠湾の大海軍工廠、四五〇万バレル（七十二万キロリットル）入りの燃料タンクが無傷だった。もし、この燃料が失われていたら、太平洋艦隊は数ヵ月は行動できなかった。

また、自らも海軍少将として海軍に籍をおき、アメリカ海軍の依頼により公刊戦史を編纂したハーバード大学教授のS・E・モリソン博士は、次のように論評している。

「真珠湾にたいする攻撃は、日本海軍自らが戦後表明したように、まったく戦略的必要からはるかにかけはなれたものであって、これは戦略的には愚の骨頂であった」

また、

「何人《なんびと》も戦史上で、侵略者にたいしこれ以上に致命的であった作戦の事例を探し求めることはできない。

すなわち、戦術面では恒久的施設（注ドックヤード等）と燃料タンクを攻撃せず、艦船にのみ攻撃を集中する錯誤をおかした。

戦略的に見れば、これは馬鹿げている。さらに政略的に見れば、それは取り返しのつかない失敗だった」

と酷評している。

この両者の評価はさておき、作戦など軍事行動の成否は、その目的を達成できたかどうかによる。

真珠湾攻撃により炎上する戦艦ウェストバージニアとテネシー

先にも述べたが、山本大将の真珠湾攻撃の目的は、「開戦劈頭《へきとう》敵主力艦隊を猛撃撃破して米海軍及《およ》び米国民をして救う可《べ》からざる程に其の志気を阻喪せしむ」というものであった。

ところが、これは完全に裏目に出た。

当時のアメリカ大統領F・D・ルーズベルトは、第二次世界大戦への参戦を内心熱望しながら、それができない立場にあった。

彼は異例の大統領三選を果たした際、国民にたいし「皆さんの子弟は決して海外の戦線に送られることはない」と公約した。この公約があるかぎり、アメリカは絶対に参戦できない。

ところが、日本の宣戦布告なしの真珠湾攻撃は、大戦に無関心のアメリカ国民を、「リメンバー・パール・ハーバー」を合言葉に立ち上がらせてしまった。

また、日独伊三国同盟の自動参戦条項により、ドイツ、イタリアもアメリカに宣戦し、ルーズベルトは先の公約にかかわらず、大手をふって第二次世界大戦に介入できたのである。

これらについてモリソン博士は、

「この背信的攻撃が、アメリカ国民をして全力をあげて対日戦争に突入させ、また一九四一年十二月七日の『不名誉な日』を償うには、全面的勝利を得る以外、彼らを満足させることがないよう結集させたことから、この真珠湾攻撃は最低の戦略だった」

と酷評、総括している。

山本大将の戦略は完全に裏目に出たのである。すなわち、自他共に許す賭博師《とばくし》山本五十六の大バクチは完全に外《はず》れたのである。

第三章　勝敗の分岐点は情報軽視にあった

（1）ことの起こりはドーリットル「東京爆撃」だった

日本本土から東へ約四四〇〇キロ航走すると、ミッドウェー島にいたる。アホウドリしか住まない、この珊瑚礁からなる絶海の孤島に、なぜ日本海軍は国運を賭けたのだろうか。

そのことの起こりは、アメリカ海軍による「東京爆撃」にあった。

昭和十七年（一九四二）四月十八日、アメリカ海軍きっての猛将W・F・ハルゼー中将が率いる第十六任務部隊（タスクフォース16、空母二隻基幹）から発進した陸軍の中型爆撃機B－25十六機が、東京はじめ日本の各都市を爆撃するという大事件が起きた。いわゆるドーリットル空襲である。

この東京爆撃に大きな衝撃をうけたのが、連合艦隊司令長官の山本大将だった。

そして彼が、この跳梁いちじるしい米空母機動部隊を一網打尽に撃滅しようとして思いついたのが、ミッドウェー作戦だった。

すなわち、中部太平洋におけるアメリカ海軍の最前線基地ミッドウェー島を攻略（占領）すれば、必ず空母機動部隊が救援にかけつけるだろう。それを一挙に撃滅するという、山本らしい多分に投機的な構想である。

このころ上級司令部である軍令部は、米豪遮断の「FS作戦」（フィジー・サモア）を計画中であり、この思いつきの飛び入りに猛反対するが、山本大将はまたもや辞職をちらつかせて恫喝、これを認めさせてしまった。

真珠湾攻撃の大成功により山本大将の権威はいやが上にも高まり、いまや軍令部といえども、面と向かってものが言えなかったのである。

さて、結論から述べると、この海戦はまったくの予想に反し、圧倒的に優勢な日本海軍の完敗に終わったが、その要因は何だったのだろうか。

（2）作戦目的の混交——すべては中央と第一線部隊の齟齬にあった

結論からいって、最大の敗因は関係各部すなわち軍令部、山本大将（連合艦隊）、そして直接作戦にあたる南雲中将（第一航空艦隊）の三者相互の意思疎通の不徹底にあった。

山本大将にゴリ押しされ、やむなくミッドウェー作戦を承認した軍令部だったが、実のところ出てくるか、出てこないか分からないアメリカ機動部隊の撃破を作戦目的にはできない。

そこで軍令部が出した命令（大海令）の作戦目的は、

「ミッドウェー島を攻略し、ハワイ方面よりする我が本土に対する機動作戦を封止し、あわせて出現することあるべき敵艦隊を撃滅す」

とあり、発案者である山本大将の真の意図「敵機動部隊の撃破」は副次的に扱われている。

ミッドウェー。環礁内にイースター島（手前）とサンド島がある

さらに都合の悪いことが起こった。

南方作戦を終えて横須賀に帰投した南雲機動部隊司令部は、瀬戸内海柱島《はしらじま》沖にいる直属上司の連合艦隊司令部をバイパスし、軍令部から直接、同作戦の命令、指示をうけ、その作戦目的は「ミッドウェー島攻略」と思い込んでしまった。

また、真珠湾攻撃いらい働きづめの南雲部隊からの、整備と休養のため作戦実施を一ヵ月延期するようとの要望もにべなく拒絶され、連合艦隊司令部と機動部隊との間には、気まずい空気が流れていた。

その後、連合艦隊司令部は、作戦目的について機動部隊司令部が誤解（?）していることに気づき、研究会などを通じ事あるごとに指導してきたが、ついにその溝は埋まることはなかった。

ここで不思議なのは、山本大将の態度である。

彼と機動部隊指揮官である南雲中将との人間関係は、真珠湾攻撃いらいシックリといっていなかった。しかし、山本大将が南雲中将に対し、ひざつき合わせて自分の意図＝作戦目的について理解、徹底させようとつとめた形跡はない。

そして、この作戦目的の混交が、機動部隊の壊滅、そして国運を傾ける大厄災をまねいた。

さて、それではこの作戦目的の混交が、この海戦にどのように影響したかを、作戦経過から見てみよう。

〈経過〉

一九四二年六月四日……現地時間

○四三〇　ミッドウェー攻撃隊（一〇八機）発進

索敵機七機発進（「利根」四号機遅れる）

対機動部隊一〇八機待機……山本大将の厳命

○五二〇　米機動部隊、日本機動部隊を発見

○五三〇　ミッドウェー島爆撃……不完全

「第二次攻撃の要あり」……攻撃隊長からの報告

第二次攻撃準備

兵装転換……対艦船→対陸上……山本大将の意に反する

○六三〇　「利根」四号機から……「敵発見」→「敵は空母を伴う」

南雲司令部大混乱
・陸上爆弾で出すか
・魚雷に積みかえるか
・第一次攻撃隊を収容するか
「直ちに攻撃隊発進の要ありと認む」……第二航空戦隊司令官山口多聞《やまぐちたもん》少将の意見具申
第一次攻撃隊収容
魚雷に積みかえる→その後発進
一〇三〇　米空母の攻撃……一番機発進の直前、空母赤城《あかぎ》、加賀《かが》、蒼龍《そうりゅう》……大火災
一〇五六　飛龍《ひりゅう》攻撃隊発進
空母ヨークタウン撃破（のち沈没）
一七〇〇　飛龍被弾
〈損害〉
日本……空母赤城、加賀、飛龍、蒼龍、重巡三隈《みくま》沈没。航空機約三二〇機……ベテランパイロット百余名
アメリカ……空母ヨークタウン、駆逐艦一隻沈没。航空機約一八〇機（陸上機をふくむ）
もし、両者の意思の疎通がうまくゆき機動部隊指揮官の南雲中将が、上司山本《やまもと》大将の真意、

すなわちその作戦目的が「敵機動部隊の撃破」であることを理解、納得していたならば、対機動部隊用に待機させていた一〇八機を対ミッドウェー島攻撃に転用するようなことはなかったであろう。

また、敵空母出現にあたって、兵装転換などで時間を空費することなく、山口少将の意見具申のように対陸上爆弾のまま直ちに攻撃に向かわせたであろう。

せっかくの大作戦を、自分の職を賭してまで計画実施しながら、その真意を現場指揮官に最後まで徹底させなかった山本大将の罪は重い。

ちなみに、アメリカ海軍においては、上級指揮官の方針から逸脱することは厳にいましめられ、作戦計画をあたえられた場合、「上司は自分に何を望んでいるか」「自分は何をなすべきか」ということを徹底分析、検討して実行にあたることを強く求められている。

(3) 敵の動静を把握すべくニミッツ大将は情報活動に徹した

古来、弱者必勝の兵法とは、徹底した情報活動により敵の動静を刻々把握し、その一瞬の油断や隙を全力を集中して衝き、一挙に相手を撃破する以外にない。

ミッドウェー海戦における弱者、アメリカ側の主将たる太平洋艦隊司令長官ニミッツ大将は、まさにこれに徹した。

四月に入って太平洋艦隊司令部は、日本海軍の動きのあわただしさから、連合艦隊が大規模な作戦を準備中であることを察知し、日本海軍の暗号電報の解読によりその内容を把握しつつあった。

日本海軍の戦略常務用暗号書D、通称「D暗号」は、電文につかう単語三万三千語を、それぞれ五桁の数字に置きかえ、さらに五万語からなる五桁の乱数をくわえて暗号文に組み替えるものであった。

日本海軍は、この無限乱数式のD暗号の強度に大きな自信をもち、絶対に解読されることはないと確信していた。しかしながら、暗号とはいえ所詮《しょせん》は人間のつくったもの。その特徴を知り、所要の電報通数があれば、統計処理によって解読も可能となるのである。

驚くべきことにアメリカ側は、一二〇名におよぶ暗号班とIBMの電気計算装置の全幅活用により、五月下旬には作戦発動期日、部隊編成、作戦要領などについて、日本側の艦長レベルが知ると同程度まで把握していたのである。

ニミッツ大将は、南太平洋で行動中のフレッチャー、スプルーアンス両少将の率いる二個空母機動部隊を急遽、呼び戻すとともに、ミッドウェー基地からの航空哨戒を五〇〇浬《カイリ》から七〇〇浬へ延伸、日本海軍の出撃点である豊後水道からミッドウェー島にいたる航路の要所に多数の潜水艦を配備して、情報収集につとめるなど万全の邀撃態勢をとった。

一方、この情報について日本海軍側はどうだったのだろうか。

情報戦には、相手の動静などを知る「情報」と、相手に自分の情報をとられまいとする

「対情報」がある。

結論からいって、日本海軍は両方ともまったくダメであった。

まず対情報の面については、出撃根拠地の広島県呉《くれ》では飲み屋の女性にいたるまで、「次はミッドウェー」というのが公然の秘密であった。

また、攻略部隊のある指揮官は、「○月○日以降の郵便物はミッドウェーあて転送されたし」との平文《ひらぶん》電報（暗号化しない生の電報）を打っている。

先の真珠湾攻撃にあたっては、機動部隊が集結したエトロフ島単冠湾《ひとかつぷわん》出撃まで、艦長以上の各級指揮官、主要幕僚以外はいっさい知らないというほど厳重に秘密保全がまもられたのとは、まさに天地ほどの違いがあった。

また、直接ミッドウェー攻略に向かう空母機動部隊の指揮官である南雲忠一中将は、この海戦の直前、七項からなる「状況判断」を発信した。

その第一項は、「敵は戦意乏しきも、我が攻略作戦進捗《しんちょく》せば出動反撃の算あり」、第四項「敵は我が企図を察知せず、少くとも五日（注・日本時間）早朝までは我が方は敵に察されおらずと認む」、「もし敵機動部隊反撃し来たらばこれを撃滅するも可能なり」というもので、まったく敵の状況がわかっていないのである。

アメリカ側は、真珠湾の敵討《かたきう》ちはこの時とばかり、名将ニミッツ大将の指揮下に勇将フレッチャー少将、知将スプルーアンス少将の両機動部隊がすさまじい闘志のもと、満を持して待ち受けていたのにである。

まさに、『孫子』がいましめる「彼を知らず己を知らざれば、戦う毎《ごと》に殆《あや》うし」そのままである。それでは、どうしてこのようなことになったのであろうか。

真珠湾攻撃いらい向かうところ敵なしの連戦連勝に増長し、その自信過剰が、「もし敵が出てきても、そんなもの鎧袖一触《がいしゅういっしょく》である」との慢心と油断になって、情報軽視につながったといえよう。

（4）あと始末が悪い——くさい物に蓋をして戦訓を活用しなかった

普通、どのような組織でも大きなプロジェクトが終わったとき、必ず反省会——海軍では事後研究会といった——を行ない、その結果を教訓として以後に反映するのが常識である。それをしなかった。すなわち、ビジネスサイクルの「PLAN」（計画）、「DO」（実行）、「SEE」（確認・評価）のSEEを省略したのである。

このまったく予期しなかった大惨敗を深刻に反省し、とるべき対策を検討、実行したならば、以後の作戦はまた違ったものになっていたのではなかろうか。

ざっと考えてみても、ただちに改善に着手すべき事項は、事後の戦略の再検討、関係各部の戦略思想の統一。戦術、装備面に入って、直衛艦の配備、レーダー（電波探信儀）の開発、装備促進、無線電話の性能改善、対空射撃システムの抜本的改善、空母の抗堪性、被害対策《ダメージコントロール》の強化など数多くある。

それでは、なぜ連合艦隊司令部は、事後研究会を行なわなかったのだろうか。

その理由について、当時の連合艦隊司令部先任参謀の黒島亀人大佐（のち少将）は、終戦後、

「本来ならば、関係者を集めて研究会をやるべきだったが、これを行なわなかったのは、突つけば穴だらけであるし、みな反省していることでもあり、その非を十分認めているので、いまさら突ついて屍《しかばね》に鞭打《むちう》つ必要がないと考えたからだった」

と述べているが、語るに落ちるである。

要は、この惨敗を、発案、計画、実行した本人の山本大将はじめ関係者たちが、「くさい物に蓋《ふた》をして」責任を回避したのである。

海軍は、このミッドウェー海戦の実状を部内はもちろん国民に知らせてその奮起をうながし、また貴重な戦訓を全幅活用して、以後の戦いに資するべきであった。

ところが、この海戦の結果を「空母二隻、駆逐艦三隻撃沈、航空機一五〇機撃墜破、当方の損害、空母一隻沈没、同一隻大破、航空機三五機喪失」の大戦果として発表した。

実状は「空母、駆逐艦各一隻撃沈、航空機撃墜破一五〇機、当方の損害、空母四隻、重巡一隻沈没、航空機喪失三二二機、戦死者約三五〇〇名」の大惨敗であったのにである。

そして海軍は、この実状が漏れるのを防ぐため、参加将兵を隔離した。

災難だったのは、ミッドウェー島攻略にかり出された陸軍一木支隊である。旭川・歩兵第

二十九連隊基幹の同支隊は、グアム島に隔離軟禁され、ガダルカナル島争奪戦開始とともに同島に投入され、あっという間に全滅してしまった悲劇の部隊である。

このミッドウェーの敗北は、海軍のごく一部の者のみに知らされた。東条首相兼陸相でもこの事実を知ったのは一ヵ月を過ぎてからであり、のちに東条は、「この敗北を直ちに知っていれば、戦争指導は大きく変わったであろうに……」と述懐している。

〈付　D暗号の理論〉

日本海軍がその強度に絶大な自信をもっていた「D暗号」の理論を、簡潔に説明してみよう。たとえば、「連合艦隊は」を暗号文に組み立て、そして翻訳すると次のとおりとなる。

（組み立て）
原文「連合艦隊は」→暗号書→18864
乱数表→58374（＋
発信←――77238
↓（暗号電報文）
受信――→77238
乱数――→58374（－
（翻訳）
「連合艦隊は」←暗号書←18864

なお、暗号の翻訳というのは、暗号電報を受け取った者（味方）が、定められたルール（規約）によって元の文章に戻すことをいい、また解読というのは、敵の暗号電報を何らかの方法で解いて、その内容を知ることをいう。

第四章　海軍にだまされた

(1) 陸は大陸、海は太平洋が厳然たる不文律だった

よく戦記物などで、太平洋戦争における陸軍について、すべてその目がソ連や中国など大陸にしか向いておらず、太平洋においてアメリカ軍と戦う準備は皆無で、その結果あのような悲惨な戦いをまねいたとあげつらい、批判、冷笑する向きも多い。

たしかに、結果的にはそうともいえようが、これには陸軍の責任を問えないやむをえない事情があった。

その元凶は、日本の国防戦略にあった。日露戦争が終わって二年たった明治四十年(一九〇七)、日本は以後の国防の基本方針となる「帝国国防方針」を策定した。

その際、仮想敵国としての第一位はもちろんロシア、第二位はいまや友好国から転じたアメリカ、第三位はフランスという順位であった。

以後二回の改定をへて昭和十一年の第三次改定では、ソ連、アメリカが並立で第一位、第

二位はイギリス、支那（中国）並立と定められ、これで太平洋戦争にいたった。

これで分かるように、初めから陸軍は対ロシアで大陸指向の北進型、海軍は対アメリカの太平洋指向の南進型という「南北併進論」であった。

この「陸《りく》は大陸」「海《かい》は太平洋」という管轄は厳然として分立しており、相互に干渉をしないことが不文律となっていた。

特に、なにかと陸軍に対してわだかまりを持つ海軍は、陸軍を太平洋に一歩たりとも入れないことを建て前とし、その管轄であるマーシャル諸島をはじめ委任統治領を主とした広大な太平洋に散在する島々の警備に、その地上戦闘部隊である特別陸戦隊を配備していた。

したがって、太平洋に用のない陸軍は、もっぱらその努力を大陸での対ソ連作戦の準備に傾注し、対アメリカ戦にはまったく顧慮していなかった。

そういうことで、太平洋戦争の開戦時、太平洋に入った陸軍部隊は、特別に連合艦隊に配属された第五十五師団歩兵団長掘井《ほりい》富太郎少将の率いる南海支隊（歩兵三個大隊基幹、約六千名）唯一つであった。

この南海支隊は、第四艦隊司令長官井上《いのうえ》成美中将の指揮下にグアム島やニューブリテン島ラバウルの攻略に活躍し、やがてニューギニア戦で消滅する悲劇の部隊である。

しかしながら、この「陸は大陸」「海は太平洋」の住み分けは、海軍の太平洋全域におよぶ積極拡大戦略によりもろくも破れ、対アメリカ戦準備皆無の陸軍は海軍によって太平洋に駆りだされ、戦死者約九十万といわれる甚大な犠牲を出した。

以下述べていく「東部ニューギニアにおける戦いの実相」については、このことをまず念頭においてお読みいただきたい。

（2）誰も口にしない東部ニューギニア戦線の悲惨な戦い

太平洋戦争における悲惨な戦いの典型として、よく「ガダルカナル作戦」「インパール作戦」が取り上げられるが、じつは、これらとは桁違いに悲惨な戦いがあった。

これから縷々《るる》述べていく「東部ニューギニアにおける戦い」である。

陸海軍合わせて約十六万（約二十万という説もある）が、マッカーサー大将率いる米豪軍主体の優勢な連合軍と戦い、ついに矢尽き刀折れて生き残った者一万三千、生きて故国の土を踏むことができたもの一万という戦いである。

ちなみに、その死者の七割が餓死であったと伝えられている。

ところが、そのような悲惨な戦いが、戦史上ほとんど語られていないのはなぜだろうか。

それは陸海軍ともそれぞれ、この戦いに大きな後ろめたさを持っていたからである。

海軍にとってみれば、初めはニューギニアの要衝ポートモレスビー攻略のため、旗色が悪くなってからは最前線基地ラバウルを守るため、陸軍に強要して大部隊をニューギニアに入れさせた。

しかし、戦況悪化にともなう制空権、制海権の喪失を理由に補給を打ち切り、自ら招いた陸軍部隊を屋根に上げてハシゴをはずす背信行為を行ない、自滅させてしまったこと。

陸軍にしてみれば、海軍の口車に乗り、あるいは強要に負けて、なんの目算もなくその言うがままに大部隊を投入したが、最後には補給というハシゴをはずされ、あの大損害を出すという拙劣な戦いを演じたことを知られたくないということであろう。

そこでつぎに、近代日本戦史上もっとも悲惨な戦いである「東部ニューギニアの戦い」の実相を少し詳しく述べてみることにする。

〈陸路ポートモレスビー攻略失敗〉

このニューギニア戦は連続攻勢主義をとり、あくまで南下しようとする日本海軍と、オーストラリアを基点に本格的反攻に移ろうとする連合軍とのせめぎ合いから生まれた。

この方面からの連合軍の反攻を阻止するために日本海軍は、米～豪の海上交通路を遮断しようとしてフィジー、サモア、ニューカレドニア諸島攻略の「FS作戦」。そしてその作戦の根拠地ニューブリテン島のラバウルを守るため、東部ニューギニア南岸の要衝ポートモレスビーを攻略する「PO作戦」を計画した。

ちなみに、六月の「ミッドウェー海戦」の敗北により「FS作戦」は取り止めになっている。

そして、これら作戦遂行のため海軍は、いままでの「太平洋に陸軍は一歩たりとも入れない」との方針をくつがえし、陸軍に攻略部隊の派遣を強要した。

ニューギニア戦線をゆく日本兵——陸海軍合わせて16万人が重畳たる山岳に投じられ、生きて故国を踏めたのは1万人だった

これに対し陸軍は、大本営陸軍部（参謀本部）の少壮幕僚たちの策動により、昭和十七年七月、百武晴吉中将のもとに第十七軍を新編し、これにあてることにした。

この第十七軍は、南海支隊をはじめとする四個部隊のそれぞれ三個歩兵大隊計十二個大隊からなるコンパクトな集成部隊、平たくいえば寄せ集め部隊である。

さて、南海支隊による海路ポートモレスビー攻略を目指した海軍は、この作戦が「珊瑚《さんご》海《かい》海戦」で阻止されると、陸軍による陸路攻略を画策するようになった。

そして、これに乗ったのが、大本営陸軍部派遣参謀の辻政信中佐だった。彼はまったくの独断で、陸路ポートモレスビー攻略の可否を検討中の第十七軍司令官にたいして同地攻略を下令し、陸軍部もこれを追認した。

恐るべき幕僚統帥である。

こうして陸路ポートモレスビー攻略の命令をうけた第十七軍司令官は、ラバウル所在の南海支隊（掘井富太郎少将、約六千）にこれを命じた。

七月下旬、偵察や道路建設のために配属された独立工兵第十五連隊を先頭に、支隊本隊、つづいてこれも配属された歩兵第四十一連隊の合計一万一千は、途中、四千メートルの最高峰が立ちふさがるオーエンスタンレー山脈越えのポートモレスビー攻略に出発した。携行しているのは当座の弾薬、食糧十日分（米六升、約十一リットル）、服装は夏服、以後の補給は人力担送《たんそう》だが、なによりも道がないのである。

ちょうどこの頃、連合国は「カサブランカ会談」の結果、南太平洋方面からの反攻を決定、「望楼作戦」として発動しようとしていた。

その大要は、同方面を東側はゴームリー海軍中将の南太平洋部隊、西側はマッカーサー陸軍大将の南西太平洋部隊に二分し、前者はガダルカナル島を起点にソロモン諸島を北上してラバウルを攻略したのちフィリピンに、後者はニューギニアを西進攻略したのちフィリピンに向かうという戦略である。

こうして、奇しくも日本軍と連合軍が衝突したのが、いわゆる南東方面の戦い、ニューギニア戦であり、ガダルカナルに端を発したソロモン戦であった。

さて、南海支隊がオーエンスタンレー山脈深く分け入りポートモレスビーを目指しているとき、突如として起こったのが連合軍によるガダルカナル島強襲であった。

驚いた第十七軍や現地海軍部隊が、激化するガダルカナル攻防戦にとらわれてニューギニアのことをすっかり忘れているうちに、同地におけるマッカーサー軍の反攻態勢は着々とす

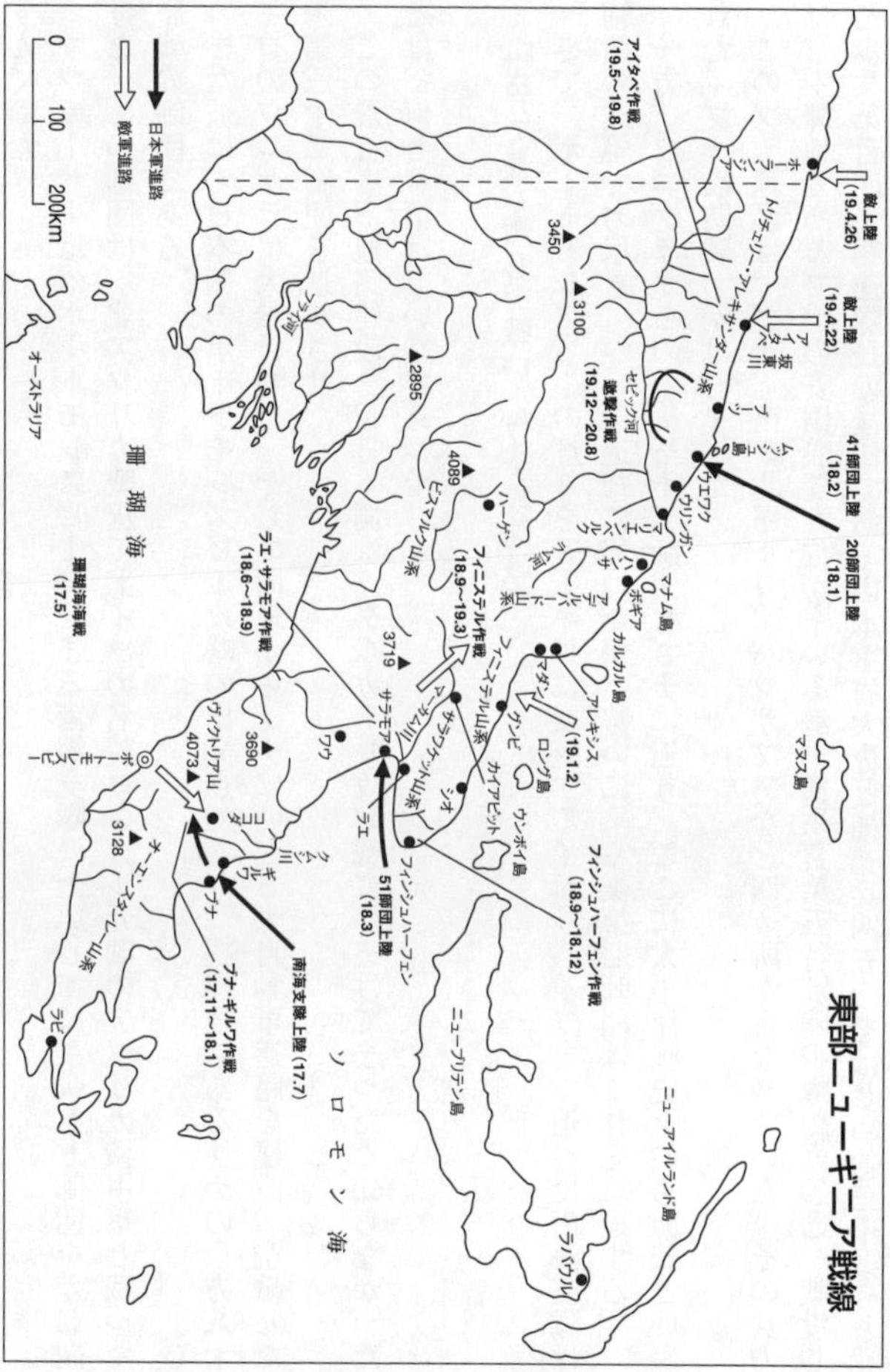
東部ニューギニア戦線
日本軍進路
敵軍進路
0　100　200km
敵上陸 (19.4.26)
敵上陸 (19.4.22)
ホーランジア
アイタペ
坂東川
ブーツ
ムシュ島
ウエワク
41師団上陸 (18.2)
20師団上陸 (18.1)
トリチェリー・アレキサンダー山系
アイタペ作戦 (19.5〜19.8)
セピック河
遊撃作戦 (19.12〜20.8)
3450
3100
2895
4089
ウリンガン
マリエンベルグ
ハンサ
ラム河
ボギア
マナム島
アデルバート山系
カルカル島
アレキシス
マダン
(19.1.2)
ロング島
グンビ
カイアピット
シオ
ウンボイ島
ハーゲン
ビスマルク山系
フィニステル作戦 (18.9〜19.3)
フィニステル山系
フライ河
ラエ・サラモア作戦 (18.6〜18.9)
3719
サラワケット山系
マーカム川
サラモア
ラエ
フィンシュハーフェン
フィンシュハーフェン作戦 (18.9〜18.12)
51師団上陸 (18.3)
3690
ワウ
ヴィクトリア山 4073
ポートモレスビー
ココダ
クムシ川
ギルワ
ブナ
3128
オーエンスタンレー山系
南海支隊上陸 (17.7)
ブナ・ギルワ作戦 (17.11〜18.1)
ラビ
珊瑚海
珊瑚海海戦 (17.5)
オーストラリア
ソロモン海
ニューブリテン島
ニューアイルランド島
マヌス島
ラバウル

すんでいた。

マッカーサーは、ポートモレスビーにせまる南海支隊にたいしては、豪第七師団を差し向けた。この師団は、北アフリカ戦線でドイツの名将ロンメル元帥のアフリカ機甲軍と戦った歴戦の師団である。

また彼は、日本側のポートモレスビー攻略の出発点であり、根拠地であるブナの東方八十キロのワニゲラに大飛行場を、そして同地からブナにいたる大自動車道路を建設、空輸した米第三十二師団を進撃させた。

この飛行場、道路建設を、日本側はガダルカナル攻防戦にかまけてまったく知らなかったとは、何とも情けない話であった。

〈世界で最も激しい戦い――ブナ攻防戦〉

さて、ポートモレスビーの灯りを五十キロに展望するイオリバイワまで迫った南海支隊は、補給の途絶で力尽き、ついに退却に移ったが、勢いに乗る豪第七師団はこれを急追する。

一方、ワニゲラからの米第三十二師団もブナに迫り、ここに太平洋戦史上最も激戦といわれた「ブナ攻防戦」がはじまった。

このブナ地区は、ブナ、南・北ギルワ、バッサブアなど四ヵ所からなっていた。その兵力は、主陣地であるブナの安田義達大佐が率いる海軍横須賀第五特別陸戦隊約九〇〇、戦没した歩兵第百四十四連隊長の後任である山本重省《しげみ》大佐と補充兵四五〇をはじめ約三千（うち、戦闘可能二千）、それに南海支隊の残兵をくわえた約三千である。

これらブナの日本軍守備隊は、連合軍二個師団三万にたいし十分の一の寡兵ながら果敢な防御戦闘を行ない、連合軍は何としてもこれを抜くことができない。

このとき総指揮官マッカーサー大将は、豪第七師団の健闘にくらべて不甲斐ない米第三十二師団の戦いぶりに激怒し、師団長ハーディング少将を更迭、愛弟子のロバート・アイケルバーガー中将を同地区米軍の総指揮官にあてた。

このときマッカーサーは、アイケルバーガーに対し「ボブ！　ブナを取らずば生きて帰るな！」と叱咤激励したのは有名な話である。

こうした二ヵ月にわたる激戦の末、十二月八日、まずバッサブアが陥落、ついで昭和十八年元旦に主陣地であるブナも玉砕する。

そして最後まで頑強に防戦していたギルワ守備隊の残兵も、同下旬には西方のラエに向かって海陸から脱出、ニューギニアにおける戦闘の第一ラウンド「ブナ攻防戦」は、連合軍の勝利で幕をとじ、戦闘は日本側にとって最重要なラエ・サラモアに移るのであった。

ちなみに双方の損害は、日本側、ポートモレスビー攻略の南海支隊をふくめて一万一千中、戦死六五〇〇にたいし、連合軍側、米第三十二師団は一万三六〇〇中、死傷三千、戦病後送八千のじつに一万一千、豪第七師団は一万二千中、死傷五七〇〇を出した。

日本側の防御戦闘が、いかに凄まじかったかを如実に物語る数字である。

米陸軍の公刊戦史をして、この「ブナ攻防戦」を「世界第一の激戦」と言わしめた所以《ゆえん》である。
つぎはいよいよ最重要戦、ラエ・サラモアの戦闘であるが、ここで時間を少しさかのぼる。昭和十七年十月、第十七軍がその二個師団の全力をあげて戦っているガダルカナル島争奪戦は、補給の途絶により餓死、病死続出し、戦況は悪化の一途をたどっていた。一方、放置されていたニューギニアでは、ブナ方面に連合軍の総攻撃を受けるようになっていた。

ここで、あくまでニューギニア、ガダルカナル双方を確保しようとする大本営陸軍部は、同年十一月、今村均中将（すぐに大将）のもとに第八方面軍を新編、その下に既存の第十七軍と新編の第十八軍（安達二十三中将）を入れた。第十七軍はガダルカナル島をはじめソロモン諸島方面、第十八軍はニューギニア担当である。

そして、このころ大本営陸軍部では、ニューギニア戦にたいする疑念が生じ、打ち切りの意見が上がっていた。海軍の強い要求で部隊をニューギニアに入れたものの、この地で陸軍が戦う意義も目的も見出せないのである。すなわち、何のため戦っているのかが分からないのである。また、首相を兼ねる東条英機陸相も、ポートモレスビー攻略の意義について強い疑念を表明している。

これに対して海軍は、いまニューギニア作戦、とくにポートモレスビー攻略を断念すれば、最前線基地ラバウルを保持できない。ラバウルを取られれば、太平洋最大、最重要な策源地トラック島がもたない。

もし、トラック島を失えば、太平洋における海軍作戦はすべて成り立たなくなると強弁し、陸軍も最終的にこれを受け入れたのである。

〈ラエ・サラモアの戦い〉

そして十二月、ついにガダルカナル島の放棄撤退が決まり、またブナの戦闘も末期的症状を示すようになった。

この情勢をうけ陸軍部は、海軍部と協議の末、第十七軍は北部ソロモンで戦略持久、第十八軍は依然ニューギニアで攻勢をとり、ポートモレスビー攻略を目指すことを決定した。差しあたっての重点はラエ・サラモアにおいての連合軍の撃破である。

ラエ・サラモアは、ダンピール海峡をへだててラバウルのあるニューブリテン島の西端に接し、すぐ北にはニューギニアにおける陸軍の海上輸送、補給支援にあたる第四船舶輸送隊約一万を擁する一大補給基地のフィンシュハーフェンがある。

そこで陸軍部は在ラバウルの第五十一師団、北支（中国北部）所在の第四十一師団、そして朝鮮京城所在の第二十師団を第十八軍の下にいれ、三個師団をそろえて連合軍を撃破し、ニューギニア戦を勝利にみちびこうとの戦略を決定した。

そして、昭和十八年一月から二月にかけ、第二十師団、第四十一師団は相ついでパラオ経由ニューギニアに到着した。

しかし、上陸場所はラエから西に六〇〇キロ離れたウエワクである。すでに日本軍が制空権を失っているため、最寄りのフィンシュハーフェンでの上陸は困難だったのである。

こうして両師団は無事ニューギニアに到着したが、問題はそれからさきの輸送路がないのである。まず、第二十師団を船舶部隊の舟艇機動でなんとか東方三〇〇キロのマダンに輸送したが、これから先ラエまでの道がまったくない。

そこで第十八軍司令官は、第二十師団にたいしてマダン〜ラエ間二〇〇キロの自動車道路の建設を命じた。

こうして、日本陸軍最精鋭の機械化師団である第二十師団は、つるはしとシャベルのみでフィニステル山系横断の深山幽谷の道路建設にいどみ、その半数を消耗してしまう。戦わずしてである。

三個師団の集中の目途はたたず、第十八軍司令官はさしあたってラバウル所在の第五十一師団主力六九〇〇名を、軍司令部とともにラエに送ることにした。

この「第八十一号作戦」と称した輸送作戦は、途中ダンピール海峡で連合軍の大航空攻撃を受け、護衛中の零戦四十機の敢闘もむなしく護衛の駆逐艦八隻中の四隻、輸送船八隻全部沈没、将兵三八〇〇名、武器、弾薬、食糧等二七〇〇トン海没という大損害を出して失敗に終わる。

海没した将兵の大半は、漂流中、フカに食われるという大惨事であった。

その後、舟艇機動により第五十一師団主力はなんとかラエに渡り、すでに進出していた海軍陸戦隊、ブナから脱出した残兵合わせて一万余で西進してくるマッカーサー軍と戦うことになった。このとき、第十八軍司令官の安達中将とその司令部は、陸軍の重爆撃機でマダンに進出している。

こうして、三個師団集中しての反撃は絵にかいた餅となり、第四十一師団はウエワク、第二十師団はマダン、そして第五十一師団はラエと孤立してしまった。

この三ヵ所のあいだの直距離は、それぞれ三〇〇キロ、五〇〇キロ。大戦史作家伊《い》藤《とう》正徳氏は、その著書『帝国陸軍の最後』の中で、これを「仙台〜東京〜大阪」にいるものと同じと表現している。

この頃になると、制海、制空権を失った海軍は、ニューギニアで戦う陸軍にたいする補給を渋るようになり、駆逐艦による輸送を打ち切ってしまった。

あとは、数隻の潜水艦と夜陰にまぎれた舟艇輸送で、細々と露命をつなぐだけである。海軍の強要によりニューギニアに入った陸軍は、ここで補給支援というハシゴをはずされてしまったのである。

海軍に不信感をもつ陸軍が、自前の輸送用潜水艦「マル特艇」建造に着手したのもこの頃である。

九月に入り、戦況は激化して西方からの豪軍の主攻撃にくわえ、東方海岸への米三十二師団の上陸、西方平原への豪第七師団の降下をうけ、孤軍奮闘していた第五十一師団は前後左

昭和18年3月、ダンピール海峡で米機の攻撃をうける日本の輸送船。81号作戦では輸送船8隻全部、駆逐艦4隻が撃沈された

右をとりかこまれた袋のねずみになってしまった。

そこで第十八軍司令官は、第五十一師団にたいしラエ脱出を命じた。

〈流浪の旅の始まり〉

こうして、半年間の戦闘に疲れた第五十一師団に海軍陸戦隊の残兵約一五〇〇をくわえた八六五〇名は、唯一残された退路サラワケット山脈越えでキアリに向け脱出を開始した。

わずか十日分の食糧をもち、武器を捨て着の身着のままの夏服姿で、深山幽谷、最高地寒冷の四五〇〇メートルのサラワケット越えにいどむ彼らの逃避行は、難渋をきわめた。

一ヵ月後の十月中旬、第五十一師団はようやくのことで北部海岸のシオに到着した。この逃避行中二二〇〇名が飢餓、疲労、病気で倒れ、残り六四五〇名も息も絶えだえの幽鬼のようになっていた。

しかし、このシオも第五十一師団にとって安住の地ではなかった。これより少し先、連合軍はラバウルとの関門である最重要な大補給基地フィンシュハーフェンに来攻した。ここを取られると、ラバウルとニューギニアは完全に分断される。

そこで第十八軍司令官は、マダン西方のサラミにいた第二十師団の歩兵第八十連隊を同地に差し向けた。じつに、六〇〇キロの急行軍である。

ついで、いままでマダン〜ラエ間の自動車道路建設にあたっていた第二十師団主力を、工事打ち切りのうえ同じくフィンシュハーフェンに差し向けた。その距離三〇〇キロである。

こうして、師団長青木《あおき》重誠中将自らがつるはしを握って推進した道路工事は、三〇〇キロ中二〇〇キロを完成したところで放棄された。

この工事中、劣悪な環境により青木師団長はじめ多くの将兵が病没し、日本陸軍最精鋭といわれた同師団は、戦わずして戦力半減してしまったのである。

この第二十師団の健闘もむなしく、同方面の戦況は悪化の一途をたどり、また対岸のニューブリテン島の西南端マーカス岬も失陥して連合軍はダンピール海峡を突破、ラバウルとニューギニアはついに分断されてしまった。

やがてフィンシュハーフェンも陥落、第二十師団は十二月暮、なんとかシオに引き揚げることができた。

ここに、第十八軍司令官は軍編成以来はじめて、その三個師団中の二個師団を直接掌握することができたのである。

しかし、その戦力は両師団ともそれぞれ半減し、残るは合計一万三千にすぎなかった。

ともあれ、こうして二個師団を掌握することができた第十八軍であったが、ここも安住の地ではなかった。

明くる昭和十九年一月、米第三十二師団の連隊戦闘団七千がシオ西方のグンビ岬に上陸し、第十八軍は、前後を敵に挟まれてしまった。

そこで第十八軍司令官は、海岸沿いに走るフィニステル山脈の脊梁を縦走して、第二十師団の根拠地であったマダンに向け脱出することに決した。

その行程は約三〇〇キロ、最高峰は海抜三千メートル、千古斧鉞《ふえつ》を加えぬ深山、激流の大渓谷ありで気候は寒冷、そして豪雨をともなう。この退却行もまた難渋をきわめた。

二月中旬、ようやくにして同軍はマダンにたどり着いたが、この間一万三千名中の三七〇〇が疲労、餓死、病没で失われ、残りの九三〇〇名も息も絶えだえの廃人同然で、戦力回復に二ヵ月を要する状態であった。


〈連合軍の蛙飛び戦略〉


ここで、第十八軍の運命を根幹からゆるがす大事件が起こった。

二月中旬、米第五艦隊司令長官スプルーアンス大将が直率する高速空母機動部隊＝第五十八任務部隊が、太平洋における日本海軍最大、最重要の策源地トラック島を急襲した。

二日間にわたる猛烈な航空攻撃の結果、トラック島は文字どおり一夜にして廃墟と化してしまった。

これに驚いた連合艦隊司令長官古賀《こが》峯一大将は、ラバウル所在の海軍航空部隊すべてをトラック島に移した。いわゆる、戦時歌謡に唄われた「さらばラバウルよ……」である。

　こうして、南太平洋における最前線基地ラバウルは戦略的意義を失い、陸軍第八方面軍をふくめ事実上、放棄されてしまったのである。

　これまで縷々《るる》述べてきたが、いままで第八方面軍がニューギニアで、またソロモンで戦ってきたのは、いつにラバウルひいてはトラック島を守るためという海軍の強い要求にあった。いまやそのラバウル、トラック島が無力化放棄され、第十八軍がニューギニアで戦う意義、目的がまったく無くなってしまったのである。

　そこで大本営陸軍部は、三月十四日、第十八軍をラバウル所在の第八方面軍から切りはなし、新たにニューギニア全土を担当することになった第二方面軍（司令官阿南惟幾《あなみこれちか》大将、在セレベス島）隷下に移した。

　積極論者の阿南方面軍司令官は、ニューギニア中部のホーランジアを連合軍との決戦場と考え、第十八軍を同地に招致した。マダンからホーランジアまでは約一千キロある。

　不運な第十八軍は、こうして休む暇もなく、また一千キロの行軍に出た。

　途上の大根拠地であるウエワクまでも約三〇〇キロ、その途中にはニューギニア有数の大河セピック河、ラム河にはさまれた大沼沢地がある。

　この沼沢地の渡渉は難渋をきわめ、将兵は寝ることも座ることもできず、立ったまま仮眠をとったと伝えられている。

　第十八軍がウエワクに着くや着かぬかの四月二十五日、連合軍は要衝マダン、ハンサ、ウエワクを飛び越し、主力はホーランジアに、一部はウエワクの西方一八〇キロのアイタペに上陸した。

連合軍が採用した新戦法、蛙飛び作戦である。

これに対し第二方面軍司令官は、第十八軍にこれの撃破を命じた。

この相次ぐ彷徨《ほうこう》ともいえる長期機動と飛行場や道路の建設、その間の要所、要所の激戦で疲れ果て、武器を捨て、弾薬、食糧も尽きた敗残兵団に、さらに数百キロの行軍と、そして比べものにならぬほど優勢な連合軍との戦闘を強いるこの理不尽。

陸軍中央部も方面軍司令部も、獣道《けものみち》すらない千古斧鉞《ふえつ》を加えぬジャングルの中で疲労困憊、戦力のほとんどを消耗しつくし、もはや敗残兵と化した現地軍の実態がまったく分かっていないのである。

こうして、第二方面軍司令官の意図とは別に、第十八軍約三万名をはじめとする日本軍五万四千は、ウエワク周辺に立ち往生してしまった。

ようやくにしてこの現地軍の惨状をさとった大本営陸軍部は、五月末、第十八軍を第二方面軍の戦闘序列から除き、南方軍の直轄に移した。

そして、すべての任務を解除し、「第十八軍はニューギニアに健在し、もって一般の作戦に寄与すべし」と命じた。これをごく平たくいえば、「もうお前たちには用はない。そこいらあたりで、勝手に食いつないでいけ」とすっかり見捨てられたのである。

〈安達軍、坂東川に敗れる〉

しかしながら、ウエワク地区で五万四千名の大兵が自活できる余地はまったくない。しかも手持ちの食糧は、二ヵ月分しかない。

そこで安達二十三中将は、アイタペに上陸した連合軍を撃破することに決した。

もっとも消耗の激しい第五十一師団をウエワクの守備に残し、第二十、四十一両師団計二万で攻撃しようという作戦である。

ちょうど雨期でもあり、泥濘《でいねい》と化した一八〇キロの道なき道を使っての進軍、弾薬、食糧の集積は困難をきわめた。

七月十日、ようやく準備のととのった第十八軍は、坂東川（ドリニモール川）の対岸に布陣する連合軍にたいし攻撃を開始した。

しかし、相手はフル装備の三個師団、気息奄々《えんえん》の二万で勝てるわけがない。

八月中旬、安達軍司令官はこの作戦を打ち切ったが、この間の損害約一万三千、なんとも空しい戦いであった。

このような軍事的合理性のまったくない戦いがなぜ行なわれたかとの疑問が残るが、それには、楠正成に心酔した安達軍司令官の信念によるものという説、あるいは疲れ果てた部下将兵にたいする「惻隠《そくいん》の情」の欠如、さらには自活するための「口減らし」ではなかったかなどの諸説もあるが、すべて歴史の彼方である。

このころ太平洋の主戦場は、中部太平洋ではサイパンをはじめとするマリアナ方面、南太平洋ではニューギニアを制したマッカーサー大将の次の目標フィリピン方面に移っており、ニューギニアはまったく見捨てられていたのである。

このアイタペ戦に敗れた第十八軍をはじめとする日本軍は、マッカーサーに後を任されたオーストラリア軍と戦いながら、ウエワク周辺の山地で自活、終戦を迎えた。

この三年間、ニューギニアで戦った十六万とも、二十万ともいわれる日本陸海軍部隊は生き残ったものわずかに一万三千、そのうち生きて故国の土を踏んだもの一万名といわれている。

そして、つねに第一線にたって部下将兵とともに労苦を分かち合い、「聖将」ともいわれた悲劇の将軍安達《あだち》二十三中将は、のちに捕虜収容所で自ら命をたち、多くの部下将兵に殉じている。

（3）陸軍の怨念——くいちがう海軍と陸軍の認識

この悲惨な結末に終わった東部ニューギニアの戦いについて、陸海軍の首脳はどう考えていたのだろうか。

前にも述べたが、いままでの「太平洋には、陸軍は一歩たりとも入れぬ！」との考えを手のひらを返すようにひるがえした海軍の強い要求で、まったく予期しなかった太平洋の戦場に引きずり込まれ、対米戦の戦略・戦術・装備、訓練などの準備皆無で優勢なアメリカ軍と戦う破目になった陸軍こそいい迷惑である。

やがて海軍はそのことを忘れ、太平洋での陸軍の戦いを当然視するようになり、そのうえ自分たちの後方支援（兵站支援）の努力不足を棚に上げ、その戦いぶりをあげつらうようになる。

ソロモン諸島、ニューギニアの戦いが風雲急をつげはじめた昭和十九年（一九四四）一月、連合艦隊司令長官古賀《こが》峯一大将（殉職後元帥）は、予備役の先輩である堀悌吉中将に、「ブーゲンビル、ニューブリテン、ニューギニア等において、わが陸軍は数個軍があるにもかかわらず、戦うべきときにも戦わず、海軍艦艇の血の出るような輸送に徒食しているのはまことに遺憾千萬である」旨書き送っている。

自分たちの要求により、その重要基地ラバウル防衛のため悪戦苦闘し、自分たちの後方支援にたいする努力不足のため、その戦力を発揮できないでいる陸軍への感謝の念などまったく無い、心ないものの考えである。

この戦いの何たるかがまったく分かっていないのである。

一方、このことを憂慮した参謀総長の東条英機大将（首相、陸相兼任）は、同年五月、「海軍は要域を確保し、六月には反攻に出るという。陸軍としては、今日まで、ガ島（注・ガダルカナル島）以来あれだけ人を殺し、18A（注・第十八軍）も17Aも今や捨て子となっている。

これまで血涙を忍んできたが、それもこの六月の（海軍の）総反攻の声を聞きたくて来たのである。飯の足りないのを忍んでここまできた。それも今日の積極作戦を見んが為《ため》来たのだ」

と、その感慨を述べている。

この東条大将の感慨は、陸軍全体の思いでもあった。

しかし、海軍が積極的作戦に出て陸軍の期待に添い、いままでの陸軍の労苦に報いることはなかった。

そのようなことで、「海軍は陸軍をだまして太平洋に引きずり込み、あの悲惨な結末をもたらした」とする陸軍関係者の怨念は、今も消えていない。

第五章　指揮官の無能無策

（1）太平洋のジブラルタル――海軍の大策源地トラック軍港の壊滅

東京から針路を南東にとって約四千キロ航走すると、トラック島という珊瑚礁からなりたつ一群の島につく。

このトラック島の属するカロリン諸島は、第一次世界大戦終結後の一九二〇年（大正九）、国際連盟によってマーシャル諸島、マリアナ諸島（グアム島を除く）とともに、日本の委任統治領になった元ドイツの植民地であった。

このトラック島は、広大な環礁にかこまれた礁湖に夏島や秋島をはじめとする多くの島々があり、日本海軍は数ヵ所の飛行場、大艦隊が停泊できる泊地、本土の海軍工廠にも匹敵する大造修施設、そして合計五万トンを貯蔵できる重油タンク三基をはじめとする大補給施設をもっていた。

そして太平洋戦争の開戦後は、つねに南太平洋における日本海軍の策源地であり、ソロモン諸島やニューギニア戦以降は、連合艦隊司令部の所在地となっていた。「日本の真珠湾」「太平洋のジブラルタル」と呼ばれ、難攻不落の神秘の島と信じられていた。

米第五艦隊——高速空母機動部隊が襲いかかった

昭和十七年（一九四二）八月にはじまったガダルカナル島への連合軍の攻撃を、本格的反攻と見て日本海軍が同方面（南東方面という）に全力傾注しているとき、真の敵がベールをぬいだ。

アメリカ第五艦隊である。

それは強大な機動打撃力をもつ「高速空母機動部隊」と、日本海軍の拠点である中部太平洋の島々を強襲、上陸占領するための「水陸両用戦部隊」を主軸に、付属の陸軍、海軍、海兵隊それぞれの基地航空部隊、そしてこれらを支援する後方支援部隊からなっていた。

この第五艦隊は、のちにさらに増強されるが、エセックス級正規空母七隻、インディペンデンス級軽空母五隻、商船改造の護衛空母七隻、新式戦艦七隻をふくむ戦艦十二隻、巡洋艦十五隻、駆逐艦六十五隻、輸送艦船七十隻など艦船二百隻以上。

陸軍、海軍、海兵隊の基地航空部隊約四〇〇機、上陸部隊三万五千、車両六千両を擁し、指揮下には海軍少将十六名、海兵隊の将軍二名をもつ、世界海軍史上最大、最強の艦隊である。

この大艦隊の指揮官は知将R・A・スプルーアンス大将で、太平洋艦隊司令長官ニミッツ大将の全幅の信頼をうけ、その参謀長（少将）からの抜擢《ばってき》である。

昭和十八年十一月、中部太平洋における日本海軍の最前線ギルバート諸島のマキン・タラワ両環礁を強襲、攻略した第五艦隊は、ついで翌年二月、日本の南洋開拓の象徴マーシャル諸島を攻略し、そのメジュロ環礁に真珠湾をしのぐ大後方支援基地を建設した。

こうしてアメリカ海軍との間合が一千浬《カイリ》につまったトラック島は、連日、大型爆撃機B－24の偵察飛行を受けるようになった。

アメリカ軍の攻撃は必至である。

この情勢にかんがみ、トラック島に所在し南東方面作戦の指揮をとっていた連合艦隊司令長官の古賀峯一大将（殉職後元帥）は、二月十日、司令部をパラオに、主力部隊をパラオと内地に避退させ、自らは超戦艦「武蔵《むさし》」に坐乗し、軍令部との打ち合わせのため内地に向かった。

そして二月十七日、第五艦隊司令長官スプルーアンス大将直率の高速空母機動部隊・第五十八任務部隊の三個任務群から発進した七〇〇機がトラック島に襲いかかった。

航空機の波状攻撃と併行して、スプルーアンス大将は新式戦艦「アイオワ」「ニュージャージー」を基幹とする水上打撃任務群を編成、直率し、脱出をくわだてる日本水上部隊と艦隊決戦を行なおうという気の入れ方であった。

危機管理能力の欠如——司令長官は魚釣りに興じていた

二日間にわたる一方的な攻撃により、日本側がうけた損害はきわめて甚大だった。航空機二七〇機喪失、軽巡二隻をはじめとする艦艇十二隻、高性能の輸送船三十隻約二十万トン沈没。このうち艦隊用のタンカー五隻が含まれていたのが、事後の作戦に大きな影響を及ぼした。

このほか、重油タンクや造修施設、莫大な補給物資などが灰燼《かいじん》に帰し、トラック島は一夜にして海軍基地としての機能を失ってしまったのである。

この報告を受けたルーズベルト大統領は、「これで真珠湾の敵《かたき》を討った」と満面の笑みを浮かべて声明したのであった。

しかし、日本海軍にとってこの損害と以後への影響は、開戦冒頭に真珠湾攻撃でアメリカ海軍がこうむった比ではなかった。中部、南太平洋での海軍作戦が事実上麻痺《まひ》してしまったのである。

ところで、このような為すところを知らぬ一方的な嬲《なぶ》り殺しにもひとしい大惨事になった原因は、いったい何だったのだろうか。

それは、いつにトラックに司令部をおく第四艦隊司令長官小林仁《こばやしまさし》中将とその幕僚たちの油断、いや怠慢、いや無責任と断言しても差し支えあるまい。

当時トラック島には、当の第四艦隊隷下の部隊のほか、同島を基地とする南西方面艦隊の航空部隊、練成訓練中の南東方面艦隊の航空部隊、はては陸軍の第五十二師団など、指揮系統の異なる多くの部隊が混在していた。

古賀大将がトラック島を去った時点から、同島の防衛は当然のことながら、同方面担当でまた同島所在の最先任指揮官である小林中将の責任である。

このような場合、最先任の小林中将が各部隊を統制し、緊急事態にたいする部署をさだめ、何か起こったら一糸乱れず対応するのが万国の軍隊の常道である。ところが小林中将は、そのような対策はまったく講じていなかった。

第58機動部隊のドーントレスにより空襲をうけるトラック諸島

自身の担当戦域であるギルバート、マーシャル両諸島が陥落し、防備にあたっていた隷下の第三、第六根拠地隊が玉砕し、一万人近い部下が戦死している。

そしてアメリカ軍の攻撃が今日、明日にせまり、連合艦隊は司令長官以下、主力部隊が避退するという状況にありながら、警戒配備を解除し、哨戒、偵察行動をおこなわず、外出を許可し、自らは大好きな魚釣りに興じていたといわれている。

ちなみに、防空戦闘にあたるべきパイロットたちは娼家で歓楽を尽くした疲れで、まったく役に立たなかった。

欧米をはじめとする他国の軍隊ならば、軍法会議即銃殺《そく》にあたる重罪であるが、小林中将は特に処罰を受けることなく、病気との理由で更迭、予備役編入ということでお茶をにごした。

（2）帝国海軍最大の不祥事——誤報に右往左往したダバオ誤報事件

昭和十九年（一九四四）九月初頭、ニューギニア、マリアナ、パラオを制した連合軍の鉾先は、フィリピンに向けられていた。

なかでもフィリピン最大の島で南端のミンダナオ島は、セレベス海をへだててニューギニアに面し、連合軍来攻の可能性が最も高いと目されていた。

そこで日本海軍は、基地航空部隊の第一航空艦隊司令部を同島の首都ダバオに進出させるとともに、第三十二根拠地隊の特別陸戦隊二千と陸軍四個大隊によって同島の守りをかためていた。

情勢はしだいに緊迫し、九月九日、ダバオ各基地は延べ三〇〇機にのぼる猛烈な航空攻撃を受けた。

そのさなか、索敵機がミンダナオ東方海上にアメリカの大機動部隊を発見した。

明くる十日の早朝、ダバオ南方一〇〇キロのサランガニ岬の見張所から、

「上陸用舟艇多数発見」

の緊急報告が飛び込んできた。

ついでダバオ見張所から、

「敵水陸両用戦車ダバオ第二飛行場に上陸」

との報告が舞い込む。昨日の猛烈な空襲、そして大機動部隊の接近、やはり敵はミンダナオにきたかと現地部隊は大混乱におちいった。


臆病風にふかれ何ら確認をとることなく大騒ぎとなった

この報告により、現地部隊では常識では考えられないようなことが起きた。

まず、ダバオ防衛に責任をもつ第三十二根拠地隊司令官代谷《しろや》清志中将とその司令部が、暗号書を焼き通信機を破壊して、真っ先に奥地に逃亡してしまった。

さらにひどいのは、第一航空艦隊司令長官寺岡《てらおか》謹平中将とその司令部である。

彼らは何ら確認処置をとることなく、

「敵水陸両用戦車、ダバオ第二基地に上陸を開始せり」

との報告を、連合艦隊司令長官はじめ関係部隊の指揮官に打電するとともに、あとを指揮下の第二十六航空戦隊司令官有馬《ありま》正文少将にまかせ、同じく奥地へ逃亡してしまった。

寝耳に水の報告に仰天した連合艦隊司令部は、ただちにフィリピン防衛のための「捷《しょう》一号

作戦警戒」を発令するとともに、第一航空艦隊の船団攻撃、潜水艦部隊の急速出動、内地で訓練中の空母部隊、リンガ泊地の第一遊撃部隊の出動準備などを下令、日本海軍は大騒ぎとなった。

　そして夕刻になって、第一航空艦隊司令部から、

「精査の結果ダバオ地区敵上陸の事実なし」

との報告があり、この帝国海軍史上最大の不祥事はあっけなく幕となった。

　この大騒ぎの原因は、ここのところの連戦連敗によってすっかり負け犬根性がついていたところへ、昨九日の猛烈な空襲と機動部隊の接近、上は司令長官から下は見張りの水兵までがすっかり臆病風にふかれ、サマール島沖で操業中の漁船群を上陸用舟艇に、第二飛行場を走っている味方のトラックを、敵の水陸両用戦車に見誤ったのが真相だった。

　かつて連合艦隊参謀長だった第一戦隊司令官の宇垣纒中将は、その著『戦藻録《せんそうろく》』で、

「昨日の空襲以来、来るか、来るかの疑いを持ち、遂に昂《こう》じて風声鶴唳《ふうせいかくれい》に驚《おどろ》きたる類いか。さりとて情無き次第にして……敵は我無抵抗の後あわただしき緊急信を傍受し軽侮の笑を残して引き揚げたるが如し」

　と失笑している。

　しかし、この「ダバオ誤報事件」のツケはきわめて大きかった。

　この大騒動が誤報とわかってやれやれと気を抜いたところへ、こんどは本当に敵第三十八任務部隊の大航空攻撃を受けた。

またもや油断しているところへの不意討ちである。

この攻撃により、航空決戦を予定している捷一号作戦の切り札、第二十六航空戦隊の三〇〇機、陸軍第四航空軍の四〇〇機のほとんどが撃破されてしまった。

この結果、まともな航空戦ができなくなった海軍は、兵術上の邪道「神風《しんぷう》特別攻撃隊」による体当たり攻撃をとるようになり、また比島沖海戦（レイテ沖海戦）において栗田健男中将の率いる第二艦隊が、予定された航空機の援護なしの丸裸での進撃を余儀なくされたのである。

なかでも最大なものは、連合軍のフィリピン攻略作戦の大幅繰り上げであった。

一連の航空攻撃により、日本航空兵力の無力化を確認した第三艦隊司令長官ハルゼー大将は、これを上司の太平洋艦隊司令長官ニミッツ大将を経由して統合参謀本部に意見具申した。統合参謀本部はこれを認め、当初予定していたミンダナオ島攻略をとりやめ、計画を二ヵ月繰り上げて十月二十日、レイテ上陸に変更したことであった。

（3）なぜこんな馬鹿なことが起きてしまったのか

さて、この二つの事件を検証してみると、どうしてこのような初歩的な間違いが起こるのかという疑念が起きる。

トラック島壊滅については、緊迫した情勢下、敵にたいする情報収集――哨戒飛行、潜水艦をはじめとする監視艦艇の配備、敵通信の傍受、同方位測定などを徹底すれば、まず敵来襲は予知、予見できたはずである。

ダバオ誤報事件でも、おなじく情報収集の徹底、またたとえ誤った情報がもたらされても、適切な確認行動をとれば直ちに判明したはずである。

少尉、中尉でも分かりそうなごく初歩的なことが、海軍中将という最高幹部がそろいながら、どうしてできなかったのだろうか。

それは少し暴論と思われるかも知れないが、戦略、戦術など兵術上の問題ではなく、いつに日本海軍における高級将校の資質の問題といえよう。

アメリカ海軍にくらべて約十歳ほど若い四十歳台なかばで将官となった彼らは、厳格な年功序列の人事制度の上に安住し、また職務の遂行にあたっては参謀たちのお膳立ての上にこれまたあぐらをかき、自ら努力するということがなかった。

そして年月の経過とともに老化してゆき、真の高級指揮官としての資質を失ってしまったといえよう。

戦記作家たちには、日本海軍の提督たちの見識等を手放しで礼賛する向きが多い。

だが、たとえば作戦の最高責任者であった軍令部総長の永野修身元帥や嶋田繁太郎大将が、全任期を通じて現場の再三の要請にもかかわらず、ただの一度も前線視察をしたことがなく、嶋田大将にいたってはマーシャル諸島陥落に際し、

「島の一つや二つ取られても大したことはない」——

といい放ったとのこと。

連合艦隊司令長官の山本五十六大将などは、ミッドウェー作戦の開始直前、その出撃地呉《くれ》に愛人を呼び寄せ同宿していたこと等々、それを裏付ける事例はじつに多い。

もちろん、全部が全部とはいわないが。

第六章　完敗　マリアナ沖の七面鳥撃ち

（1）海軍乙事件——爾後の作戦計画書が敵の手に渡っていた

ギルバート、マーシャル諸島は失陥、そして太平洋最大の策源地トラック島を無力化された日本海軍は、起死回生の作戦を考えていた。

「Z作戦」である。

中部太平洋の島々を不沈空母に見立て、ここに基地航空部隊である第一航空艦隊の一六〇〇機を展開する。

そして、水上部隊の第二艦隊と空母機動部隊の第三艦隊とを合わせた第一機動艦隊の五〇〇機と呼応して、米第五艦隊を邀撃、航空決戦によりこれを撃破しようというものである。

ところが、こともあろうにこの「Z作戦計画書」が、敵連合軍の手に渡ってしまった。

昭和十九年（一九四四）三月、連合艦隊司令部の所在していたパラオが大空襲を受け、大きな損害を出した。そして大輸送船団がパラオ目指して接近中との情報が、軍令部から伝えられた。

三月三十一日、古賀峯一長官は、敵のパラオ上陸は必至と判断し、同夜、急ぎ呼びよせた二式大艇(川西二式飛行艇)二機に司令部職員を分乗させ、燃料補給もそこそこにフィリピンのミンダナオ島ダバオに向かって飛び立った。

まさに「敵前逃亡」である。

この二式大艇二機は、途中、猛烈な低気圧に遭遇し、古賀大将と幕僚ら十四名が搭乗する一番機は行方《ゆくえ》しれず、参謀長の福留中将と幕僚ら十五名の二番機は、フィリピンのセブ島東岸の沖合に不時着した。

いわゆる「海軍乙《おつ》事件」である。ちなみに「海軍甲《こう》事件」は、山本五十六元帥戦死の事件である。

この事件で問題なのは、福留中将がゲリラの捕虜になったことであった。

福留参謀長の一行は、米陸軍のカシン少佐が指揮するフィリピン・ゲリラに捕えられたが、現地日本陸軍の釈放しなければ徹底した報復を行なうとの要求により、彼らは解放されたのである。

事件後の海軍当局の調査の結果では、捕虜になった事実、また重要書類などを奪われた事実はないということになった。

無罪放免である。

ところが事実は、きわめて深刻であった。爾後の作戦計画である「Z作戦計画書」をはじめとする重要書類を、ことごとくゲリラ側に押収されていたのである。

念には念を入れ、当然、重要書類が敵の手に渡ったものとし、最悪の場合を想定して万全の処置、たとえばZ作戦計画を一新するという「危機管理」が必要だったはずなのだが。

(2) 願望がやがて希望的観測となり最終的に判断を誤った

さて、連合艦隊の焦眉《しょうび》の急は、連合軍の鋭鋒が次はどこに向かってくるかということだった。

種々検討の末、情報参謀中島《なかじま》親孝中佐の力説するもっとも軍事的合理性の高いマリアナ諸島説をしりぞけ、その可能性はニューギニア西端の小島で現にマッカーサー軍が集結中のビアク島五〇パーセント、パラオ諸島四〇パーセント、そして中島参謀に花をもたせてマリアナ一〇パーセントということになった。

ところが、このマリアナ軽視の裏には大きな問題があった。

先に述べた太平洋における大策源地トラック島、パラオ諸島がアメリカ第五艦隊の航空攻撃で壊滅した際、艦隊随伴のタンカーのほとんどを失い、洋上補給能力を喪失してしまった。

その結果、日本海軍の切り札、空母機動部隊である第一機動艦隊の行動半径が一千浬《カイリ》をきってしまった。トラック、パラオが壊滅した後、新たに根拠地とした蘭印のボルネオからマリアナ諸島までは一千浬以上あって、行動半径外となる。

したがって、「マリアナにはきて欲しくない」との願望がやがて「こないだろう」との希望的観測となり、そして最終的に「マリアナにはこない」という判断になってしまったのである。

元来、軍事的行動は、事実を根拠とした冷静かつ合理的情勢判断の上に立つものである。論理的、合理的情勢判断の手法をもたず、ともすれば直感的、憶測的判断にたよる日本海軍がおちいった希望的観測が、敵の次期攻撃場所についての誤判断をもたらし、第五艦隊によるマリアナ攻略という戦略的奇襲を受ける大厄災をまねいたのである。

このときアメリカは、対日戦用に開発した戦略爆撃機B－29「超空の要塞」の日本本土爆撃の出撃基地を建設するため、マリアナ諸島に大挙襲来したのであった。

このB－29の日本本土にたいする戦略爆撃により、やがて日本は継戦能力を失い、無条件降伏にいたるのである。

（3）アウトレンジ戦法――小澤中将は敵の防空能力を全く知らなかった

昭和十九年（一九四四）六月十四日、アメリカ第五艦隊司令長官R・A・スプルーアンス大将の率いる第五十八任務部隊と第五水陸両用戦部隊は、突如、マリアナ諸島のサイパンを強襲、海兵隊二個師団を揚陸、橋頭堡《きょうとうほ》を確保した。

その目的は、対日戦略爆撃機B－29の発進基地の獲得である。

この戦略奇襲に仰天した連合艦隊司令長官豊田《とよだ》副武大将は、フィリピン最南端タウイタウイ環礁で待機中の第一機動艦隊に、これの撃破を命じた。

こうして起こったのが、史上最大の空母機動部隊同士の海戦「マリアナ沖海戦」であった。

両軍の兵力をくらべてみよう。

まず日本海軍のエース、小澤治三郎中将が率いる第一機動艦隊は、新型空母「大鳳《たいほう》」をはじめとする空母九隻、搭載機約四五〇機、超戦艦「大和」をはじめ護衛艦艇四十六隻、文字どおり日本海軍の切り札である。

対する百戦練磨のM・ミッチャー中将が率いる高速空母機動部隊・第五十八任務部隊は、二万七千トン、一〇〇機搭載の正規空母「エセックス」級を中心に空母十五隻、搭載機九六〇機、「アイオワ」をはじめ新式戦艦七隻をふくむ護衛艦艇九十七隻からなる史上最大、最強の空母機動部隊だった。

両軍の戦力を比較すると、単純に兵力量で考えると一対二、これに艦艇、航空機の性能、練度などを加味すれば、一対三、いや一対四で日本側が劣勢である。

しかし、それにもかかわらず小澤中将は自信満々であった。

それは、名将といわれる彼が、考えに考えぬいた究極の戦術「アウトレンジ戦法」にあった。アウトレンジ戦法というのは、アメリカ側の艦載機の戦闘行動半径が約二五〇浬なのに対し、日本軍のそれは四〇〇浬であることに着目したものであった。

すなわちアメリカ側の到達圏外から、先制大航空攻撃をかけて敵機動部隊を撃破、ついで超戦艦「大和」「武蔵」をはじめとする水上打撃部隊を突撃させて、止《とど》めを刺すという戦法である。

ところが案に相違して、戦いは日本側の一方的完敗に終わった。

マリアナ沖の米艦隊上空で迎撃され、炎上撃墜される日本軍機

満を持して発進させた航空機三〇〇機は、敵艦隊にたどり着くまでにあらかたが撃墜され、そのうえ忍びよった潜水艦のため、新鋭空母「大鳳」、真珠湾いらい歴戦の空母「翔鶴《しょうかく》」を撃沈されてしまったのだ。

また翌日には、これも歴戦の空母「飛鷹《ひよう》」と残存機のほとんどを失い、この大海戦はアメリカ側の完勝で幕を閉じた。

アメリカ側の勝因は、その完璧な艦隊防空にあった。

当日、第五十八任務部隊は、主隊前方六〇浬に優秀な対空レーダーをもつ駆逐艦数隻をレーダーピケット／早期警戒艦として配備し、その上空に哨戒の戦闘機を置き、敵機の早期探知にあてるとともに、第一の阻止線とした。

マリアナ沖海戦で日本機の迎撃にヨークタウンを発艦するF6F

任務部隊は、それを構成する四つの任務群ごとに四隻の空母をまず四隻の戦艦あるいは重巡洋艦がかこみ、その外周を十六隻の駆逐艦がとりまく完璧な輪形陣《りんけいじん》であった。

また完備した防空ドクトリンにより、部隊全体の防空戦は任務部隊指揮官乗艦の空母が、各任務群はそれぞれ同群指揮官乗艦の空母が防空艦となり、対空レーダーと優秀なＶＨＦ／ＵＨＦ無線電話で指揮した。

さて、第五十八任務部隊の攻撃に向かった日本側の飛行機隊は、まずレーダーピケット艦によって早期探知され、防空艦の作戦室（ＣＩＣ）からコントロールされる高速、重武装、重装甲の零戦キラー、グラマンＦ６Ｆ「ヘルキャット」四五〇機の邀撃をうけた。

幸運にもそれをくぐり抜けた日本機に対し、輪形陣を構成する艦艇のレーダー自動照準のＭｋ《マーク》37射撃指揮装置でコントロールされる五インチ三八口径両用砲と、その砲弾に装着された近接自動信管（VT信管）、簡易型ながら有効な計算機をそなえた多数の四〇ミリ、二〇ミリ機銃による猛烈な対空砲火が待ちかまえていた。

この完璧な防空陣の前に、日本側の失った航空機はじつに約三〇〇機、相手にあたえた損害はほとんど皆無。兵術用語でいうなら交換比ゼロの空《むな》しい戦いであった。

この「マリアナ沖の七面鳥撃ち」と酷評された大惨敗の原因は、何であったのだろうか。

それは、日本側の主将である小澤中将が、アメリカ海軍の艦隊防空能力の飛躍的向上をまったく知らず、日本海軍の原始的かつ貧弱な防空手段と同じレベルと誤認し、とにかく先制攻撃すれば勝てると信じ、練度未熟な飛行機隊を送り込んだところに最大の敗因があったといえよう。

すなわち小澤治三郎中将が心血をそそいであみ出した「アウトレンジ戦法」は、アメリカ海軍の艦隊防空の前には机上の空論にすぎず、所詮《しょせん》は一人相撲に過ぎなかったのである。

第七章　海軍の背信が日本の運命を決した

(1) 幻の大戦果——どうしてそのまま鵜呑みにして確認しなかったのか

昭和十九年(一九四四)九月、連合軍はフィリピン奪還作戦の準備にかかり、その総指揮官D・マッカーサー大将の指揮のもと、部隊をニューギニア中部北岸ホーランジアと、パラオ諸島のマヌス島へ集結しつつあった。

一方、別部隊である第三艦隊司令長官ハルゼー大将は十月上旬、隷下の高速空母機動部隊・第三十八任務部隊をもって南西諸島と台湾を襲った。

その目的は、日本側を眩惑《げんわく》して集結中のマッカーサー軍から注意をそらすとともに、フィリピン侵攻前に日本の航空戦力を撃滅してしまおうというものであった。

十月十日、延べ七〇〇機で沖縄を、ついで十二〜十四日の三日間、延べ二七〇〇機が大挙して台湾を空襲した。

これに対して日本海軍は、台湾に司令部をおく福留繁中将の第六基地航空部隊(第二航空艦隊）をもって総反撃に出た。

その主力は、高練度（日本としては）のT部隊。九七〇ミリバール（現ヘクトパスカル）程度の台風の中で、十分に作戦できるレベルに達しているとしてこの名がつけられたとされている。

台湾沖航空戦からレキシントンに帰投したTBFアベンジャー

機種は新式の高速陸上攻撃機「銀河」、艦上攻撃機「天山」、そして陸軍の四式重爆撃機「飛龍」である。

特筆すべきは飛龍で、日本の爆撃機では最高傑作といわれ、従来の陸攻／重爆が鈍重であったのに反し、高速で対艦船雷撃もできる軽快な運動性能を誇る優《すぐ》れものだった。

三日間にわたる航空戦、すなわち「台湾沖航空戦」で日本海軍は、次のような大戦果をあげたとして大々的に発表した。

▽轟撃沈　空母十一隻、戦艦二隻、巡洋艦三隻、巡洋艦または駆逐艦一隻

▽撃破　空母八隻、戦艦二隻、巡洋艦四隻、巡洋艦または駆逐艦一隻、艦種不詳十三隻、その他火柱を認めたもの十二を下らず

▽味方損害　飛行機未帰還三百二十機

アメリカ海軍の高速空母機動部隊の空母数は十六隻、それ以上を轟撃沈破したということは、もはや同部隊は壊滅したことになる。

大元帥である天皇からおほめの勅語は賜わる。ナチス・ドイツのヒトラー総統からは祝電が届く。国民祝賀大会、提灯《ちょうちん》行列など久しぶりの大勝利に日本は沸き立った。

この幻の大戦果を真にうけた連合艦隊司令長官の豊田大将は、練成途上の第三艦隊の空母機をも戦果拡大につぎ込み、損害を拡大させた。

しかしながら、このときアメリカ側にあたえた損害は、空母一、軽巡二、駆逐艦二の計五隻の小破のみであった。

さて、どうしてこんな馬鹿なことが起こったのだろうか。

これらの攻撃の大部分が夜間攻撃で、練度未熟な搭乗員たちが、撃墜された友軍機の火炎火柱を敵艦撃沈と誤認、報告したこと。

そして、その誤認報告をうけた各級司令部がそれをそのまま鵜呑みにして、何ら確認をしなかったということである。

その後、この戦果に不審を感じた海軍は、再検討の結果、真の戦果は空母の撃破四隻程度ということに落ちついた。

陸海軍機合計七〇〇機の喪失に対し、このゼロにひとしい戦果、軍事用語でいえば交換比ゼロである。

（2）海軍は大誤認に気づいても陸軍に知らせなかった

ところが、問題はこれからである。

この真相、すなわち先に発表した大戦果は誤りだったことを、大本営海軍部は陸軍部に知らせないという嘘のようなことが起こった。

戦争の流れを変える大戦果として天皇から勅語を賜わり、戦勝ムードの大騒ぎのなか、いまさら面子《めんつ》がつぶれるから言うにいわれぬところであったではあろうが。

国家存亡の折りから、この海軍の背信的行為は決して許されるべきではない。

このことは、最後の守りであるフィリピン防衛の「捷《しょう》一号作戦」、いや日本の運命を決した。

当時、陸軍はフィリピンを太平洋戦争の天王山とし、南方軍総司令官寺内《てらうち》寿一元帥とその司令部はルソン島マニラに進出、山下奉文《ともゆき》大将指揮の第十四方面軍により同島を死守する決意をかためていた。

その戦略は、隷下の第三十五軍をもってミンダナオ、レイテ島など中、南部フィリピンの防衛にあて、方面軍主力はアメリカ軍との「ルソン決戦」に勝負をかけるというものであった。

ところが、大本営陸軍部と南方軍は今回の台湾沖航空戦の大戦果にもとづき、わざわざルソン島まで敵を引きつけることはない、中部フィリピンの要衝レイテ島で決戦しようと決心変更してしまった。

ここで既定どおりルソンで決戦しようとする第十四方面軍と陸軍部、南方軍との間に深刻な対立が起こり、業を煮やした寺内総司令官が、

「元帥として命令する！」

と山下方面軍司令官を圧服し、敵と戦う前に内部相剋をきたすという統帥上の大混乱をまねいてしまった。

同じフィリピンといっても、ルソン島からレイテ島までは、ざっと見ても千キロ弱はある。おまけにその経路は多島海、密林である。

しかも制空権は完全に敵の手中にあり、輸送手段も決定的に不足している。そのような中、二十万を超える大部隊を、おいそれと移動できるわけがない。

このような状況のもとで、連合軍の航空機の目をぬいながら、大発による舟艇機動や海軍の軽快艦艇によるさみだれ式の輸送を行なっているうちに、マッカーサー軍のレイテ強襲をうけ、満足な抵抗もできないまま一蹴されてしまった。

そのような統帥の大混乱のなか、結果的に「ルソン決戦」を強いられ、支離滅裂の戦いの末、第十四方面軍主力二十八万名中の二十一万六千名が戦死、病死、餓死で斃れるという悲惨な結果をまねいた。

もし大本営海軍部が、台湾沖航空戦の真相を恥をしのんで陸軍部へ通報していたならば、陸軍も軽々《けいけい》に「ルソン決戦」を「レイテ決戦」に変更することはなかったはずである。どう見ても、許されざる海軍の背信行為といえよう。

第八章　支離滅裂の大海戦

（1）散在する部隊が六者分進合撃するなど最初から無理があった

一九四四年（昭和十九）十月十八日、「アイ・シャル・リターン」の執念に燃えるマッカーサー大将が率いるフィリピン攻略部隊は、大挙レイテ島に殺到した。

攻略軍の主力はマッカーサーの総指揮のもと、第七艦隊（第三・第七水陸両用戦部隊）の護衛空母十八隻、旧式戦艦六隻をはじめとする戦闘艦艇一六〇隻、各種輸送艦船四二〇隻など艦船約七五〇隻、上陸軍団約二十万名の大部隊である。

これをハルゼー大将指揮の、正式空母・軽空母各八隻、計十六隻、新式戦艦六隻の第三十八任務部隊を主力とする第三艦隊が側方から支援するという鉄壁の布陣だった。

フィリピンを奪回されたならば、南方の資源地域と本土をむすぶ海上交通線を断ち切られ、日本は完全に干上《ひあ》がる。

ここにおいて連合艦隊司令長官の豊田副武大将は、同日夕刻、迎撃の「捷一号作戦」を発動し、その全兵力をもってこれを撃滅しようとした。

その連合艦隊の作戦構想は——

▽小澤治三郎中将が率いる空母機動部隊・第三艦隊を囮《おとり》部隊として瀬戸内海から南下させ、強力なハルゼーの第三艦隊を北方につり上げる。

▽その隙に、栗田健男中将指揮の超戦艦「大和」「武蔵」をはじめとする水上部隊主力が東方からレイテ湾に突入し、敵攻略部隊を撃滅する。

▽栗田艦隊から分派された西村祥治中将の第二戦隊と、別部隊の南西方面艦隊に属する志摩清英中将の第五艦隊が、それぞれ南方からレイテ湾に突入する。

▽大西瀧治郎中将の第一航空艦隊（在フィリピン）、福留繁中将の第二航空艦隊（在台湾）——いずれも基地航空部隊——は、栗田艦隊と呼応して攻略部隊を攻撃する。

以上、一挙に侵攻部隊を撃破しようとする六者分進合撃の一大オペレーションである。

しかしながら、海上部隊が洋上で定められた時刻、地点で合流することは、気象、海象ほかもろもろの要素により、平時でもなかなか困難なものである。

それをこの情勢下、北は瀬戸内海、南は南スマトラと実に二五〇〇浬《カイリ》（四六〇〇キロ）はなれて散在する部隊が、これまた遠くはなれた横浜・日吉台にいる連合艦隊司令長官の直接指揮のもと、六者分進合撃しようというのだから、最初から無理があった。

結論をいえば、すでにご存じのように、この「比島沖海戦」（レイテ沖海戦）は日本側の完敗に終わった。

（2）参加部隊の協同連係を欠いて各個に撃破された

さて、作戦の経過である。

小澤機動部隊は、なけなしの空母四隻を犠牲にしながら囮部隊に徹し、ハルゼー率いる最強の第三艦隊を北方に吊り上げることに成功した。

しかし、もっとも重要なこの情報は、肝心の栗田部隊には届いていなかった。

この小澤部隊の状況をまったく知らず、途中アメリカ側の航空攻撃により超戦艦「武蔵」をはじめ多くの艦艇を失いながらレイテ湾に迫った栗田艦隊は、防備ガラ空きのマッカーサー軍を目前に、なぜか反転し戦場から離脱していった。

海戦史上名高い「栗田艦隊謎の反転」である。

一方、なんの連係もなく、バラバラに南方スリガオ海峡に突入した西村部隊と志摩部隊も、オルデンドルフ少将指揮の旧式戦艦——真珠湾から引き上げられ、艦型装備を一新して復活——と魚雷艇の待ち伏せをうけて、ほぼ全滅。

決戦兵力の一翼をになうはずの基地航空部隊も、直前の「台湾沖航空戦」でその大半を失い、質、量とも低下、神風《しんぷう》特別攻撃でお茶をにごした程度で、本来の使命である水上部隊との協同連係にはまったく寄与できなかった。

米機の空襲下、レイテ湾めざしてシブヤン海をゆく戦艦「武蔵」

こうして日本海軍が国運を賭けて戦った「比島沖海戦」は、支離滅裂のうちに一方的な敗北に終わった。

この海戦で日本海軍は、超戦艦「武蔵」はじめ戦艦三隻、歴戦の「瑞鶴《ずいかく》」など空母四隻、重巡洋艦六隻、軽巡洋艦三隻、駆逐艦十隻の計二十六隻と航空機多数を失い、また多数の損傷艦を生じて組織的戦闘力を喪失してしまった。

この海戦が連合艦隊、いや日本海軍の終焉といわれる所以《ゆえん》である。

では、国運を賭けた大海戦が、なぜこのような支離滅裂の惨敗に終わったのだろうか。

この比島沖海戦は兵学／兵術上の「外線作戦」の典型的なものであった。

外線作戦とは、優勢な味方が敵をとりかこみ、四方八方から集中攻撃をかけて、これを撃滅する強者の戦法である。

この外線作戦成功のキーポイントは、十分な準備のもと、最高指揮官の的確な指揮、統制のもと、複数の参加部隊が水も漏らさぬ連係により、敵を集中攻撃することにある。

もし、このチームワークを欠いたならば、攻撃側は敵に各個撃破されてしまうのである。

すなわち、外線作戦が成功するかしないかは、ひとえに参加部隊の協同連係、いいかえればこの作戦にたいする意思の疎通、なかでも刻々の情報交換にかかっている。

「比島沖海戦」では、このもっとも悪い目が出たのである。

(3) 不適当ナリヤ否ヤ——お粗末さはだれの目にも明らかだった

協同連係を欠いた要因の第一は、指揮系統の問題である。

「比島沖海戦」では、本来は現場最高指揮官を置き、その指揮のもと参加部隊が一糸乱れぬ協同作戦を展開し、敵を集中攻撃すべきであった。

ところが、この作戦の最高指揮官である豊田連合艦隊司令長官は、戦場から遠くはなれること二五〇〇浬の横浜・日吉台にいた。

これでは、現場に展開する参加部隊の戦況を常時把握し、戦機に投じたキメ細かい、かつ強力な作戦指導はできない。

第二は事前の打ち合わせである。

各地に分散所在する大部隊を集めてこの大作戦を行なうのに、その二ヵ月前の「マニラ会議」のほかは打ち合わせらしい打ち合わせを行なっていない。

そのマニラ会議にも、主要部隊の多くが出席していない。すなわち、作戦思想の統一が十分ではなかったのである。

第三は、各部隊の協同連係のかなめとなる通信の問題である。作戦の中枢をになった第二艦隊の旗艦である重巡「愛宕」が、潜水艦により撃沈されて栗田長官以下司令部が「大和」に移ったが、通信要員や通信機材、暗号書表などを失ったため、以後の通信に大きな混乱を生じた。

その結果、艦隊の指揮、協同部隊との情報交換、連係に大きな齟齬《そご》をきたしてしまった。いいかえると、日本側の情報交換が完全に破綻して統制を欠き、その結果、この作戦が支離滅裂になってしまったのである。

この海戦について、後日、大元帥である昭和天皇から、

「レイテ作戦ニ於ケル水上艦船ノ使用（中略）不適当ナリヤ否ヤ」

とのご下問があった。

このような場合、「適当ナリヤ」と問うのが通例だが、「不適当ナリヤ」とは、この比島沖海戦がいかにお粗末だったたか、誰の目にも明らかだったのである。

これに対し大本営海軍部は、作文に四苦八苦したのち、つぎの苦渋にみちた奉答を行なっている。全文を紹介しよう。

「連合艦隊トシテ最モ重視スベキハ水上艦船ノ突進ハ厳ニ基地航空兵力ノ攻撃ニ吻合《ふんごう》セシムル如ク戦術指導ヲ適切機敏ニスベカリシモノニシテ之ガタメ連合艦隊長官ハ航空作戦ノ指揮

中枢タリシ比島又ハ高雄（台湾）ニ進出スベカリシモノト認メザルヲ得ズ、即チ現地航空兵力ノ消長ト現地天候ノ推移予察等ヲ勘案シテ水上部隊ニ突進ヲ命ズベキモノナルニ、コノ点作戦指導不適切ナリシモノアリシハ否《いな》ム可《べか》ラズ」

これを要約すると、

「この作戦の成功の鍵は、水上部隊と基地航空部隊の緊密な協同連係にあった。そのため最高指揮官である連合艦隊司令長官は、現場に進出して直接指揮すべきであった。ところが、それをしなかったことから見ても、今回の作戦指導は不適切のそしりは免れない」

ということである。

いうなれば、豊田大将の連合艦隊司令長官不適格ととれる奉答文である。

第九章　軍事的合理性を否定した悲劇

（1）一億総特攻のさきがけになってもらいたい

東洋の名兵学書『孫子』は、その九変篇で、将軍のおちいりやすい五つの落とし穴があるとし、その第一に「必死は殺され」、すなわち「かけ引き」を知らずに必死に敵に向かう者は殺されるといましめている。

この「必死は殺され」を地でいった愚劣きわまる作戦が、超戦艦「大和」の最後となる水上特攻作戦であった。

沖縄攻防戦たけなわの昭和二十年（一九四五）四月五日の午後、第二艦隊司令長官伊藤《いとう》整一中将は、なんの予告もなく連合艦隊司令長官から、

「大和、第二水雷戦隊ヲ以ッテ、海上特攻隊ヲ編成シ、六日豊後水道ヲ出撃、八日黎明《れいめい》、沖縄ニ突入、敵艦隊ヲ撃滅スベシ」

との命令を受けとった。

第二艦隊といえば聞こえはよいが、
▽戦艦「大和」（旗艦）
▽第二水雷戦隊
軽巡洋艦「矢矧《やはぎ》」、駆逐艦八隻
の計十隻。これがあの世界に冠たる連合艦隊のなれの果てであった。

相手は、知将スプルーアンス大将の率いる第五艦隊。その高速空母機動部隊である第五十八任務部隊は空母十六隻、新式戦艦六隻からなり、これにイギリス海軍の空母四隻からなる第五十九任務部隊が加わる。

現在、沖縄攻略に従事している多数の護衛空母、旧式戦艦などの護衛部隊をもつ第五水陸両用戦部隊は別である。

どう考えても、万に一つの勝算もない相手である。

それはそうであろう。航空機の援護をうけない水上部隊の末路は、比島沖海戦の惨敗がはっきり物語っている。

おまけに、出撃や突入時刻まで厳格に規定されては、海軍作戦に最も必要な行動の自由を失い、沖縄にたどりつけるものではない。

これに対し、第二艦隊は色めきたった。

もはや水上部隊に用はないと、ろくな修理もしてくれずに放っておいて、いまさら何だ！

という感情もある。

　この第二艦隊の猛反発にたいし、連合艦隊司令部は、鹿児島県鹿屋《かのや》基地で作戦打ち合わせ中の参謀長草鹿《くさか》龍之介中将、作戦参謀三上《みかみ》作夫中佐を説得に差し向けた。驚くべきことに、連合艦隊の作戦の中枢をにぎるこの二人は、この作戦を事前にまったく知らなかったのである。

左舷に傾斜しながらも最後の戦闘を行なう沖縄水上特攻「大和」

　ともあれ、草鹿中将の説得は難航したが、彼の「一億総特攻のさきがけになってもらいたい」との懇願に対し、伊藤中将は「そうか、それならわかった」と納得し、こうして「大和」以下十隻の最後の艦隊の出撃がきまった。

　四月六日、徳山湾で燃料を搭載した第二艦隊は、夕刻、豊後水道を出撃し、一路、沖縄をめざした。

　よくこの出撃は片道燃料だったといわれるが、徳山の海軍燃料廠のタンクの底までさらった結果、「大和」「矢矧」は三分の二、駆逐艦八隻は満載というのが正しい。

　さて、この水上特攻／第二艦隊の行動は、上空のB－29から常時監視され、また航路上に待ちうけた潜水艦からも刻々報告されていた。

この報告を受けたスプルーアンス大将は、かつての「戦艦乗り」(戦艦ミシシッピー艦長)の血を沸きたたせ、沖縄攻略を支援中の旧式戦艦六隻、巡洋艦七隻、駆逐艦二十一隻をひきぬいて水上打撃任務群を編成、これを直率して「大和」と決戦しようとしていた。

しかし「大和」が途中、欺瞞のため針路を北方に変えたためこれを断念、第五十八任務部隊指揮官M・ミッチャー中将に攻撃をまかせた。

明くる七日の午前、ミッチャー中将は隷下の四個任務群から第一次攻撃隊二六〇機、つづいて第二次攻撃隊一〇七機、計三六七機を発進させた。

正午ごろから、第二艦隊はこの第五十八任務部隊の猛烈な航空攻撃を受けはじめた。相つぐ波状攻撃によって、まず巡洋艦「矢矧」沈没。そして午後二時すぎ「大和」も魚雷九本、爆弾三発、至近弾多数をうけて転覆爆沈。随伴の駆逐艦四隻も沈没し、この水上特攻作戦は幕をとじた。

戦死した者、伊藤中将、大和艦長有賀《あるが》幸作大佐以下の三三七一人、何ともむなしい戦いだった。

『孫子』の「必死は殺される」というのは現代風にいえば、軍事的合理性ゼロの作戦であった。

(2) 勝算のまったくない作戦がなぜ決行されたのか

一般に、戦艦「大和」の水上特攻作戦は、連合艦隊司令部の先任参謀で神懸り的な精神をもつ神重徳《かみしげのり》大佐が発案し、上司を強硬に説得して実現したといわれている。

しかし、これは必ずしも正しくない。

この謎をとくカギが、宇垣纒中将の『戦藻録』の中のつぎの一節である。

「抑々茲《そもそもここ》に至れる主因は、軍令部総長奏上の際、航空部隊丈《だけ》の総攻撃なるやの御下問に対し、海軍の全兵力を使用致すと奉答せるに在りという。帷幄《いあく》に在りて籌画補翼《ちゅうかくほよく》の任にある総長の責任蓋《けだ》し軽しとせざるなり」

それは、及川古志郎大将が、沖縄の陸軍第三十二軍の総攻撃に呼応しての海軍の特攻作戦「菊水一号作戦」について、大元帥である昭和天皇に奏上した際、天皇から、

「航空部隊だけか？」

軍令部総長・及川古志郎大将

とのご下問をうけたのに対し、ときの成り行きから、

「海軍の全力を投入する」

と奉答してしまい、引っ込みがつかなくなってしまった。

そして困った及川軍令部総長が、次長の小澤中将を介して連合艦隊司令長官の豊田大将に泣きつき、バタバタと作戦が決ってしまったというのが

真相といわれている。

本来ならこの作戦決定の中枢スタッフであるべき軍令部作戦部長富岡《とみおか》定俊少将、連合艦隊参謀長草鹿《くさか》中将、作戦参謀三上《みかみ》中佐、そして実行にあたる第二艦隊では司令長官以下が、まったく関与していないことが、いかにこの作戦が唐突でお粗末だったかを物語っている。冷徹な軍事的合理性をもって戦うべき戦争の場において、面子《めんつ》、人間関係など属人的要素が入り込み、それを脱し得なかった日本海軍の最後のツケが、この「大和」出撃となったのである。

（3）天号作戦に於ける大和以下の使用法は不適当なるや否や

この水上特攻について同月末、昭和天皇から海軍大臣の米内光政大将に対し、

「天号作戦ニ於《お》ケル、大和以下ノ使用法ハ、不適当ナルヤ否《いな》ヤ」

との御下問があった。

これに対する海軍の奉答は、

「当時ノ燃料事情オヨビ練度、作戦準備ナドヨリシテ　突入作戦ハ過早ニシテ　航空作戦ト吻合《ふんごう》セシムル点ニオイテ　計画準備ハ周到ヲ欠キ　非常ニ窮屈《きゅうくつ》ナル計画ニ堕シタル嫌《きらい》アリ。作戦指導ハ適切ナリトハ称シ難カルベシ」

という苦渋にみちたものであった。

豊田連合艦隊司令長官にしてみれば、その作戦指導のまずさについて、先の「比島沖海戦」につづき、二度目の天皇からのお叱りである。

ところが海軍は、次の人事でこともあろうこの戦《いく》さ下手《べた》の豊田大将を軍令部総長に就任させている。

軍令部総長は、大元帥である天皇を直接補佐する大本営海軍幕僚長である。

当然、昭和天皇もこの人事に強い難色をしめされたが、海軍はまたもやその場しのぎの苦しい奉答をして何とか実現している。

日本海海戦以降の太平になれ、口では無敵海軍を標榜しながら、そのじつ官僚的海軍と化し、戦略、戦術、後方支援体制、武器体系など周囲をとりまく世界の軍事情勢から杜絶し、取り残されながら夜郎自大となっていた日本海軍だった。

戦いの原点である軍事的合理性を否定したことにより、終始、近代戦を理解できず、この大戦争を日露戦争時代の兵術思想と、第一次世界大戦型の装備で戦った日本海軍への鎮魂歌《レクイエム》が、この「戦艦大和出撃」の悲劇であったといえよう。

第十章　千載一遇のチャンスを失う

(1)幻の和平交渉──米国はソ連参戦の前に日本と講和しようとした

太平洋戦争において日本は、昭和二十年(一九四五)八月十五日、連合国に無条件降伏したが、じつはその半年前に、アメリカから和平交渉の打診があったということを知る人は少ない。

ベルリン攻防戦も大詰めを迎え、太平洋方面でも日一日と日本の敗色が濃くなる同年四月、ドイツ駐在大使館付武官補佐官から、スイス駐在大使館付武官に転出したばかりの海軍中佐藤村義朗《ふじむらよしろう》は、アメリカの諜報機関「ダレス機関」なるものに属するアメリカ人から接触を受けた。

この諜報機関は正式には「戦略情報機構(OSS)」と呼ばれ、局長のアレン・ダレスの名をとってダレス機関と通称されていた。

そしてこのOSSが発展して、あの有名な「中央情報局(CIA)」となる。

ちなみに、このアレン・ダレスの兄ジョン・F・ダレスは、ルーズベルト大統領の外交顧問としてその信任が厚く、のちにアイゼンハワー大統領の国務長官として、辣腕をふるった人物である。

ともあれ、このダレス機関の藤村中佐への接触目的は、なんと日米和平交渉の打診であった。

しかし、イタリアはすでに降伏し、日、独ともその運命が定まったいま、突然の和平交渉とは解《げ》せない。

それは、アメリカの対ソ戦略の変換にあった。独ソ戦の開始以来、理想主義者であり、多分に社会主義者的であったルーズベルト大統領は、あまりにもソ連にたいし与え、かつ譲歩しすぎていた。

アレン・ダレス

あの膨大な軍事援助、ノルマンディ上陸にはじまる第二戦線の構築、そしてヤルタ会談における大きな譲歩などである。

ところが、その結果はどうだったか。

ソ連スターリン首相は、いままでのルーズベルト大統領の友情、恩義を一顧だにせず、自己の勢力拡大に狂奔する。

その勝ちほこった軍事力により、東欧をドイツから解放した彼は、ヤルタ会談の取り決めなどどこ吹く風で、つぎつぎと共産政権を擁立し、またたく間に自己の支配下に置いてしまった。

そして、この裏切りに大きな痛手をうけたルーズベルトは、ついに一九四五年四月十二日に悶死してしまった。

そのあとを継いだ副大統領H・トルーマンは、強い反共主義者だった。

このままスターリンをのさばらせておくと、東欧はおろか中国、朝鮮、そして日本の北半分など、東アジアの大半は共産化し、すっかりその勢力下に入ってしまうであろう。

それを防ぐには、ヤルタ協定の秘密協定「極東密約」によるソ連の対日参戦の前に日本と講和し、その出鼻をくじこうというものであった。

（2）絶好の機会は海軍トップの恣意により無に帰してしまった

さて、ダレス機関と接触をかさねた藤村中佐は、ことの経過とアメリカの意向を、海軍大臣米内《よない》光政大将と軍令部総長豊田《とよだ》副武大将に親展電報で報告した。

ところが、これに対する返電は、「日本陸海軍間の離間策かも知れない。慎重に行動せよ」とのつれないものだった。

豊田総長にいたっては、「何だ中佐か。若僧じゃないか。騙《だま》されているんだ」と一笑に付した。

さらに、ダレス機関と交渉をかさねた藤村中佐が、アメリカ側の要望である「権威ある大臣、大将級の大物」をスイスに派遣するよう要請すると、米内海相は「了解した。善処する」と返電しながら、この案件を東郷茂徳外相に回付した。

つまり、責任を回避して外務省におっつけ、本人は逃げたのである。

こうして、この幻の日米和平交渉は幕となった。

そして以後は、ポツダム宣言受諾要求〜原爆投下〜ソ連参戦〜ポツダム宣言受諾〜無条件降伏と続くのである。

このとき、せっぱつまった日本政府は、ヤルタ協定の「極東密約」により、すでに対日参戦の準備をととのえているソ連に対し、日米和平の仲介を依頼し、特使として近衛元首相を派遣しようとするなど、まったくピントはずれの努力をしている。

そんなことなら、なぜダレス機関との交渉に乗らなかったのか。外交音痴、情報音痴のきわみである。

ところで、このダレス機関の働きかけは、本物だったのだろうか。

アメリカが原子爆弾の製造、実験を急ぎ、ソ連参戦前の八月に広島と長崎に投下したのは、一刻も早く日本を降伏させ、そしてソ連にたいする示威行動として、その言動を押さえることにあったとも考えられる。

したがって、このダレス機関の働きかけは、真実性と切実性があったのである。

いずれにせよ、絶好の和平のチャンスは、トップの恣意《しい》により無に帰したのである。

（3）二人の指導者がとった行動は無責任の極みというべきだろう

さて、この「幻の日米和平交渉」事件について総括してみよう。

ここで思い出されるのは、名兵法書『孫子』用間篇の冒頭の教えである。

この項を、わかりやすく意訳すると、「組織のトップにある者は、情報を得るためにその費用を惜しんではならない。それができない者は、トップとしての資格がない」ということになる。

ついで、「すぐれたトップが行動を起こして立派な成果をおさめるのは、あらかじめ敵についての完全な情報を得ているからである。そしてその情報は、神頼みや過去の経験からの類推などではなく、真に信頼する間諜――情報収集者――によってのみ得られるものである」と、「確実な情報」を収集することの重要性を強調している。

そこで、先の米内、豊田両大将の判断と行動を、この孫子の教えに照らして検証してみよう。

もはや日本の敗北は必至であり、米英との和平が真剣に模索されていたこの時期、この二人の国家指導者がとった行動は、情報の重要性にたいする無知を通り越して、無責任の極みというべきだろう。

このような場合、たとえ可能性、実現性に大きなリスクがあったとしても、針の穴ほどの可能性にすべてを賭けてみることも必要なのである。

この件で二人のとるべきであった行動は、きわめて有能な情報収集者である藤村中佐と緊密な連係をとりつつ、アメリカ側の真意を確認し、それが真実であれば、当時の国内情勢、特に陸軍の動向から見て種々困難はあっただろうが、早急に全力をあげて和平交渉にうつることであった。

「情報なくして戦略なし」

というが、これすら認識のない指導者を戴いた日本の悲劇であった。

第三部　日米海軍の比較

呉工廠に繋留され艤装工事をいそぐ戦艦「大和」

第一章　意思決定法の優劣

(1) 意思決定の方法もお国柄によってずい分と違ってくる

私たちは、日常の仕事や生活の場において、何かをしようとする場合、どうすればうまくゆくかということを特に意識せずに考えながら実行している。

すなわち無意識のうちに、意思決定を行なっているのである。

ところが、その規模が大きく、そして内容が複雑多岐にわたる軍事行動＝作戦等では、個人の直感/直観に頼ると、もれ落ちや考えの不足などにより完全な計画はおぼつかない。

したがって、作戦計画の立案等にあたっては、しっかりとした思考過程によるもれ落ちのない意思決定作業が必要となってくる。

ところが、この意思決定法もお国柄によって、ずい分と違ってくる。

そのよい例が、太平洋でしのぎを削った日米両海軍であった。

もともとこの意思決定のプロセスは、上級指揮官から与えられた作戦目標を達成するため、いかにして戦うかという方針を決定することにある。

そのためには、必要な情報を収集して自分をとりまく情勢を確認し、ついで敵はどう出るかを類推し、これに対する戦い方を決定するというものである。

この意思決定（以下「情勢判断」という）においては、正しい情報と、それをベースにした論理的、合理的な思考過程を必要とするが、ここに両国海軍の決定的な差があった。

すなわち、情報を軽視し、そして論理性、合理性をまったく無視し、もっぱら直感／直観的判断に終始した日本海軍。

収集した正確な情報をもとに、論理的、合理的な思考過程により作戦方針を決定したアメリカ海軍。

この差がそのまま両者の明暗を分けたといっても過言ではない。以下、そのポイントについて述べてみよう。

（2）使命の分析——自分は何をなすべきかをしっかり把握する

作戦、プロジェクトの計画を策定する場合、もっとも大切なことは、その作戦は何のために行なわれるかということを、十分に確認、理解することである。

平たくいえば、その作戦の実行を命じた上級指揮官は、自分に何を期待するか。

それを受けて、自分は何をなすべきか、ということをしっかり把握することである。

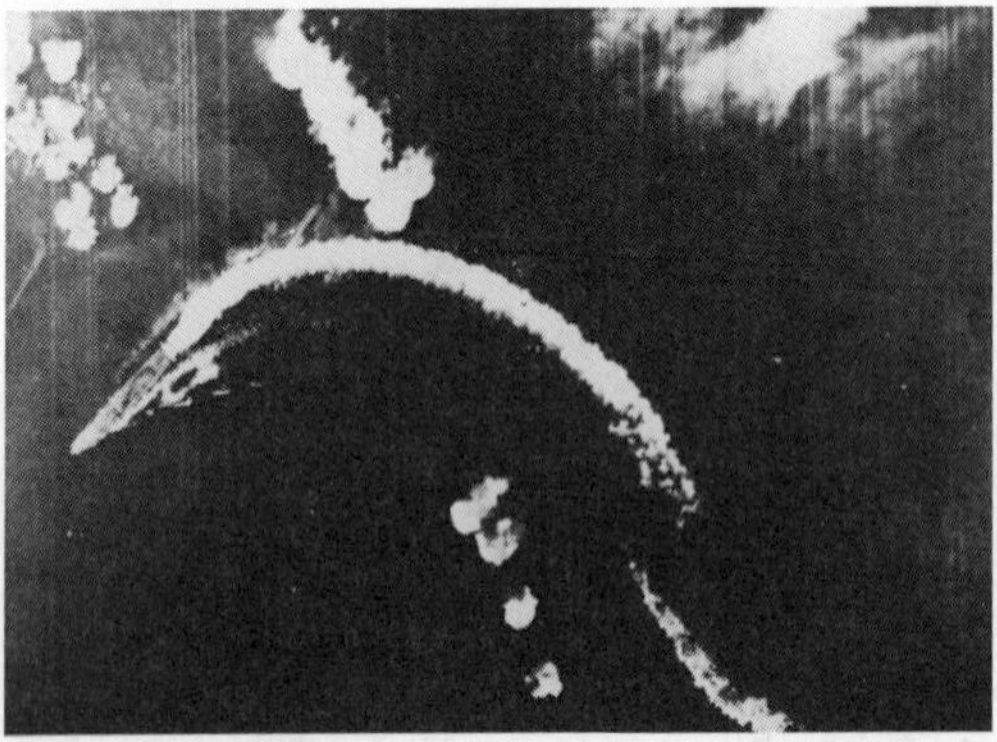

ミッドウェー海戦において米軍機の攻撃を回避する空母「飛龍」

この点について、日本海軍はずい分と杜撰《ずさん》であった。

日本海軍における作戦命令はきわめて簡潔で、一般的に「まず簡潔に情勢を述べ、ついで自分（上級指揮官）の意図（決心）を述べ、そして、〇〇すべしと作戦の実行を命ずる」といったものであった。

そして、なぜその作戦を行なうのか、達成すべき目的／目標は何かという機微にわたる問題は、「以《い》心伝心《しんでんしん》」「阿吽《あうん》の呼吸」の世界であった。

しかし、このやり方では、上級指揮官と作戦の実行を担当する部下指揮官とのあいだに完全な意思の疎通ができるかという問題が残る。

事実、その実例として連合艦隊司令長官の山本大将は、上級司令部である軍令部の方針とまったく反対の「真珠湾攻撃」や「ミッドウェー作戦」を強行した。

また、それらの作戦を実行した機動部隊指揮官の南雲忠一中将が、真珠湾攻撃においては第二撃を行なわず大ドックヤード、四五〇万バレル（七十二万キロリットル）入りの燃料タンクを無傷で残したこと。

ミッドウェー作戦においては、主作戦目標である敵空母機動部隊撃破を忘れ、ミッドウェー島空襲に熱中しているスキを衝かれ、空母四隻を失って完敗したように、上司である山本大将の意にまったく反した作戦を実行して大きな禍根を残している。

それでは、相手方アメリカ海軍では、この上下間の意思の疎通《コミュニケーション》はどうだったのだろうか。

アメリカ海軍における作戦の計画、立案、実行は、『健全なる軍事判決』という教範《マニュアル》にのっとり、きわめて論理的、合理的、そして科学的思考により行なわれていた。

中でも上級指揮官の意図《インテンション》の徹底には、殊《こと》のほか厳格だった。

アメリカ海軍において指揮官に与えられる「使命《ミッション》」は、「目的《オブジェクト》プラス任務《タスク》」＝「○○《オブジェクト》のため△△《タスク》する」＝「上級指揮官の任務達成に寄与するため△△に任ずる」と定義づけられ、これを逸脱することは厳にいましめられていた。

上級指揮官から作戦計画を与えられた指揮官は、定められた「使命《ミッション》の分析《アナリシス》」の手順により、「上級指揮官は自分に何を期待しているのか」、「自分は何をなすべきか」を徹底的に分析検討する。

そして、出てきた結論をさらにフィードバックして再検討し、間違いのないことを確認する。

そのよい例がある。一九四四年六月、R・A・スプルーアンス大将が率いる第五艦隊は、

R・A・スプルーアンス大将

突如マリアナ諸島のサイパン島を強襲した。

これに対し日本海軍は、切り札である小澤治三郎中将の第一機動艦隊を反撃のため出動させた。

このとき、サイパン攻略作戦を実行中の第五水陸両用戦部隊を支援中の高速空母機動部隊・第五十八任務部隊（タスクフォース58）指揮官M・ミッチャー中将は、日本海軍の主力部隊撃滅の絶好のチャンス到来と考え、現在実行中の任務を打ち切り、第一機動艦隊に向かうことを上司スプルーアンス大将に強く求めた。

しかし、スプルーアンス大将は、この意見具申に対し、「第五十八任務部隊は、サイパン及びその攻略作戦を行なっている諸部隊を援護しなければならない」との命令によって、はやるミッチャー中将を制した。

彼は、上司である太平洋艦隊司令長官C・W・ニミッツ大将から与えられた作戦目標「サイパン、グアム、テニアン島を確保する」ことを第一義とし、決してこれを逸脱しようとはしなかった。

軍事学でいう「目標の堅持」である。

もし、日本海軍にこのような考えがあったならば、前述の山本大将の軍令部にたいする下剋上的行動、また山本大将と南雲中将の意思疎通の断絶はなかったのではあるまいか。

（3）敵はどう出るか——意図方式の日本と能力方式のアメリカの違い

さて、この情勢判断において最も大切なのは、敵がどう出てくるかということを類推することである。

日本海軍は、このことについて伝統的に「意図方式」という方法をとってきた。

これは、いろいろな角度からの類推により、敵のとるであろう行動を「敵は○○するであろう」と一方的に決めてしまい、これをもとに情勢判断をするやり方である。

単純明快で直観的な思考を好む日本人には適した方法ではあるが、ともすれば事実に反する自分に都合のよい、一人よがりの判断を下すことになりかねない。

ミッドウェー海戦において機動部隊指揮官の南雲中将が、戦闘開始直前、「敵は戦意なきものと認められるが、我が攻略作戦進捗せば出動反撃の算あり」をはじめとする事実とはまったく正反対の判断をもとに行動して完敗し、国運を傾けるにいたったのがよい例である。

一方、アメリカ海軍は「能力方式」というやり方をとってきた。

これは、まず「敵は△△できる」と相手のとりうる行動＝「可能行動」を列挙する。

そして、この複数の敵の可能行動を、いろいろな情報をもとに分析検討して、とるであろう行動をしぼり込み、それをもとに論理的思考過程を経て意思決定をおこなうという、合理的な方法である。

日本海軍の「意図方式」に比べてまわりくどく、作業も複雑で時間もかかるが、もれ落ちのない正確な判断ができるという、何物にもかえがたい長所がある。

太平洋戦争における日米海軍の戦いは、このまったく相異なる意思決定法の戦いであったといっても過言ではなく、結果的にアメリカ海軍の完勝になったのである。

（4）結論にいたる奥の深さに日米の決定的な差があった

世界でいちばん優れているといわれているアメリカ海軍式の意思決定法を、ごくかいつまんで述べてみよう。

(1)まず最初にやることは、上級指揮官から与えられた「使命」を分析し、「自分は何をなすべきか」を明確に確認する。

(2)ついで、敵のとりうる行動＝「敵の可能行動」と自分がとろうとする行動＝「わが行動方針」を列挙し、それぞれ「適合性」「可能性」そして「受容性」という三つのフィルターを通し、実行可能なものをそれぞれ残す。

(3)こうして残された「敵の可能行動」（E1、E2…EX）と「わが行動方針」（01、02…0X）をつき合わせてシミュレーションし、実行に適した複数の「わが行動方針」を残す。

(4)この選び残された複数の「わが行動方針」を再度、適合性、可能性、そして受容性の観点から最終チェックし、「最良の行動方針」（The Best Course of Action）を選ぶ。

(5)最後に指揮官は、この「最良の行動方針」をその全知全能をかたむけて大所高所から検討し、自己の行動方針を最終決定（判決、Decision）する。

そして、この指揮官の判決が、その部隊の行動方針、そして作戦計画策定の指針となる。

ここまでアメリカ海軍式の「情勢判断」、すなわち意思決定のプロセスについて、その概要をごく簡潔に述べたが、実際はきわめて煩雑《はんざつ》かつ膨大な作業をともなう。

同じアングロサクソンながら、イギリス海軍の意思決定法はじつに簡潔で日本人向きである。また、第二次世界大戦後、ある高名なドイツの将軍が、アメリカ軍の膨大な作戦計画書を見て、

「我々ならこの十分の一で充分である」

といったというエピソードが残っている。

私がかつて在職した海上自衛隊では、太平洋戦争において日本海軍が直観にたよる「意図方式」の意思決定法で完敗した反省をふまえ、このアメリカ海軍式の意思決定法を採用して現在にいたっている。

私事で恐縮だが、私は海上自衛隊在職時、艦隊司令部の作戦主任幕僚や総監部の防衛部長（作戦部長）として、作戦計画の策定にたずさわってきた。

この際、もっとも重要な作業であるこの「情勢判断」については、部下幕僚にはまかせず

自らペンをとり作業してきたが、実のところ何故《なにゆえ》にこのような煩雑でまわりくどい手続きが必要なのかと内心うんざりしたことも度々《たびたび》であった。

しかも結論は、おおむね事前にわかっているものと同じである。

軍事行動の意思決定にあたり、日本海軍式に直観（感）的に出した結論と、縷々《るる》述べてきた煩雑なアメリカ海軍式の思考過程を経て出された結論も、一見同じことが多い。

それでは、この二つの様式はどこが違うのだろうか。

それは、その結論、この場合、軍事用語で「判決（Decision）」にいたる奥の深さに決定的な差があったのである。

すなわち作戦計画などの立案にあたっては、あらゆる関係あるファクターをそろえての論理的、合理的思考の結果、次のようにもれ落ちのない計画を作成できる。

・その作戦の本質、とくに上級指揮官は自分に何を期待し、自分は何をなすべきかを確認、理解できる。

・関係する各ファクターをもれ落ちなく確認できる。

・敵、味方の相互の行動によって起こり得る、各種事態を念頭におくことができる。

・したがって、万一予期しないそれらの事態が突発的に起こっても、混乱なく対処できる。

・もれ落ちのない計画が立案でき、したがって不完全あるいは独善的な計画を排除できる。

この手法は企業経営に即、応用できる。

第二章　年功序列か能力主義か

(1) まったく正反対だった日本とアメリカの人事制度

日本海軍とアメリカ海軍の人事制度は、まったくの正反対だった。

日本海軍の大きな敗因の一つには、その硬直した人事制度があったとの説も強いが、それはある切り口から見ればむべなるかなという感が強い。

結論的に一口でいえば、日本海軍は伝統的に年功序列重視で、有事においてもこれに固執し、適材適所を欠いた。

一方アメリカ海軍は、有事になればその序列、海軍兵学校卒業年次などにはまったく関係なく、適材適所の思い切った抜擢人事を行なった。


〈日本海軍の人事制度〉

日本海軍における幹部の人事、すなわち将校人事は、悪名高い「ハンモックナンバー」と

「軍令承行令」により呪縛《じゅばく》されていた。

ちなみに、日本海軍では制度、組織を動かす者は将校すなわち海軍兵学校出身者に限られ、おなじく海軍三校といわれた海軍機関学校、海軍経理学校卒業などの幹部は将校相当官といわれ、脇役、補佐役的立場におかれていた。

さて、その主役である将校だが、その海軍における生涯は、通称「ハンモックナンバー」といわれる海軍兵学校卒業時の成績順位によってそのまま決まっていた。

このハンモックナンバーは、余程《よほど》のことがないかぎり定年までつづき、これによって以後の進級もポストの割りふりもきまった。

しかし、兵学校卒業時の成績順位のほとんどは記憶力、教育訓練や日常生活の態度にたいする評価できまるものであり、将来、階級やポストが上がるのに合わせて必要度が大きくなる「創造力」「応用力」は、まったく加味されていない。

それなのに、このハンモックナンバーで海軍の人事を律したことに大きな難点があった。陸軍では、古参中尉の時期に、陸軍大学校への入校によって再選別されるチャンスがあったのだが。

またもう一つの「軍令承行令」は、部隊の指揮権についての秩序を定めたものだが、これも事実上その系列からは将校相当官を排除したものだった。

たとえば、ある大型艦が戦闘で大被害をうけて艦長以下の主要幹部が戦死し、砲術士と機関長が残されたとしよう。

この場合、艦の指揮権は機関中佐である機関長ではなく、少尉の砲術士が受け継ぐという不条理なものであった。

また、上級将校の人事も、先のハンモックナンバーの順番にのっとり厳格に行なわれ、先輩を追い越すことはおろか、同期生内での順位変更もまずなかった。

この一番よい例が、第一航空艦隊司令長官の人事である。

従来、日本海軍において航空母艦は、空母二隻を基幹とする航空戦隊ごと、主力である戦艦部隊などの補助兵力として各艦隊に分属されていた。

昭和十五年（一九四〇）第一航空戦隊司令官小澤《おざわ》治三郎少将は、「航空兵力運用の大原則は〝集中と先制〟にある」との信念のもと、各航空戦隊を航空艦隊にまとめ、統一指揮運用するよう海軍省、軍令部に上申提案した。

そして、これが認められて、世界海軍史上初めての空母機動部隊である第一航空艦隊が誕生した。

ところが問題は、その司令長官人事である。本来ならば、この第一航空艦隊生みの親であり、航空戦の第一人者である小澤少将がなるべきであった。

また彼は、平時の軍隊の常でまったく官僚化し、参謀がお膳立てした案件をウンウンといって決裁するだけの老成した提督がほとんどの日本海軍にあって、その豊かな兵術思想のもと、自ら決断して方針を示し、参謀たちを駆使して作戦を遂行できる数少ない戦術家だった。

そのように最適任の彼も、ハンモックナンバー、軍令承行令に代表される硬直化した海軍の人事制度により、一期先輩で航空戦にはズブの素人の「水雷屋」南雲忠一中将の後塵を拝してしまったのである。

これこそ日本海軍最大のミスキャストで、そのツケは大きかった。

〈アメリカ海軍の人事制度〉

一方、アメリカ海軍の人事はおおらかで、適材適所をつらぬいていた。その典型的なものが「配置進級」であった。

たとえば、太平洋戦争開戦当時の同海軍の最高位は海軍少将で、あとは大将、中将を定員とするポストに就任したものが、それぞれの階級に昇任し、その職をしりぞけば元の階級である少将に戻るというものであった。

ちなみに当時の大将は、海軍作戦部長、太平洋、大西洋、アジア各艦隊司令長官の四名、中将は戦闘部隊、戦闘航空部隊、そして偵察部隊の各司令官の三名だった。

その配置進級のよい例が、リチャードソン大将の更迭《こうてつ》である。

日米間の緊張が高まり出した一九四〇年五月、ルーズベルト大統領は日本にたいする牽制《けんせい》のため、いままで本土西岸サンディエゴを根拠地としていた太平洋艦隊主力の真珠湾移駐を命じた。

このハワイ進出はかえって日本を刺激すると反対した同艦隊司令長官リチャードソン大将は、元の少将に格下げされ、サンフランシスコの第十三海軍区司令官に左遷されている。

その他の配置でも、この配置進級はひろく行なわれた。たとえば、ある駆逐艦の艦長（定員中佐）に少佐が就任する場合、彼は即日、海軍中佐に進級する。

そしてそのまま年限がくれば正規の中佐に、その前に転出すれば元の少佐にもどる。

そのポストに適任な者を当て、それに見合った階級をあたえて処遇し、その全能力を発揮させるというリーズナブルな制度であった。

したがって、適材適所のためには、思いきった抜擢人事も常であった。

このアメリカ海軍の有事の際の思いきった人事について、よい事例を述べてみよう。

その一は、ニミッツ大将の太平洋艦隊司令長官への就任人事である。

真珠湾を攻撃された大惨事ののち、ノックス海軍長官はルーズベルト大統領と協議して同司令長官キンメル大将を解任、その後任として海軍航海局長（のちの人事局長）だったC・W・ニミッツ少将を抜擢した。

C・W・ニミッツ大将

彼は、二十六人の先輩、先任者をとび越し即日大将に昇進、太平洋艦隊司令長官に就任した。

ここで日本海軍とこれまた大きく異なるのは、前日まで先任者であった先輩たち、真珠湾攻撃をうけたとき司令長官代理だった戦闘部隊司令官パイ中将（ニミッツの四年先輩）、偵察部隊司令官ブラウン中将（三年先輩）、戦闘航空部隊司令官ハルゼー中将（一年先輩）らが、一転して彼の麾下司令官として何の奇異もなく勤務していることである。

ニミッツ大将は、普段は快活で謙虚なテキサスっ児だったが、こと任務にかけては厳格であった。

彼は、ある作戦を実行する場合、その作戦を担当する指揮官に自分の考えをよく納得、理解させたうえで最大限の行動をまかせる。

しかし、その作戦の推移を常時フォローし、必要があれば強い指導も辞さないという指揮統率に徹した。それは、ビジネス風にいうならば、絶妙の「権限の委任」ということになろう。

またニミッツ自身も、「ミッドウェー海戦」で殊勲をたてた第十六任務部隊指揮官／第五巡洋艦戦隊司令官R・A・スプルーアンス少将を自らの参謀長とし、一年かけてその能力と自分との作戦思想の共有を十分に確認したうえで、対日反攻の主力となる大艦隊、第五艦隊の司令長官に推せんしている。

この結果、いままで無名の一少将に過ぎなかったスプルーアンスは大将（若干期間中将）に昇進し、世界海軍史上最大、最強の艦隊を率いるようになったのである。

（2）組織の運営には厳正な信賞必罰が必要である

組織を厳正かつ円滑に運営するにあたっては、構成メンバーに対する厳正な信賞必罰が必要である。

努力し功績をあげた者をほめ、何らかの失敗をした者を罰して規律を保ち、やる気の向上また戒めとする。

それでは両国海軍における信賞必罰の状況はどうだったのだろうか。

残念ながら、この点についても日本海軍は大きく遅れをとっていた。

〈日本海軍の信賞必罰〉

日本海軍の信賞必罰は、とくに罰については上に甘く、下に厳しかったといえる。

たとえば開戦直後、ある陸上攻撃機が敵地で撃墜されて搭乗員は捕虜になった。彼らは自力で脱出して基地に帰還したが、当局はこれを許さず、つぎつぎと危険な任務をあたえ、ついには全員死にいたらしめている。

一方、上層部すなわち提督級にはきわめて寛大だった。そのきわめ付けは、第一航空艦隊司令長官南雲《なぐも》忠一中将の人事である。

彼はミッドウェー海戦において、上司の連合艦隊司令長官山本《やまもと》五十六大将の意にそむいて完敗し、虎《とら》の子《こ》の空母四隻、航空機三三〇機、ベテラン搭乗員多数を失って国運を傾けてしまった。

ところが山本大将は、「もう一度、敵討《かたき》ちの場をあたえて欲しい」という本人の願いをいれ、真珠湾攻撃いらい彼の意思にそむきつづけたこの凡将を、残存空母をあつめて新編した空母機動部隊・第三艦隊の司令長官にあてた。

その理由は「今辞めさせれば南雲が悪者になる」というものだった。

南雲中将は以後もさしたる功績もなく、ガダルカナル争奪戦関連の「南太平洋海戦」の勝利（?）を機に、小澤治三郎中将と交代した。

この交代劇について、連合艦隊司令部の作戦参謀で、山本長官の信任厚い三和義勇《よしたけ》大佐（のち少将）は、

「3F（第三艦隊）長官参謀長更迭と聞く、結構なり、遅過ぎたり、決して勇将に非ず、余は其の速かならむを切望し居たるものなり。名将となる事の如何に難しきか、今将官に名将と思わるる人の寥了《りようりよう》たるを見よ」

と書き残しているのが、そのあたりの事情をよく物語っている。

その他、油断や怠慢により太平洋最大の策源地トラック島の壊滅をまねいた第四艦隊司令長官小林《こばやし》仁中将は、病気ということで予備役に編入された。

また「海軍乙《おつ》事件」でゲリラの捕虜となり、以後の作戦にかかわる「Z作戦計画書」を奪われた連合艦隊参謀長の福留繁中将、日本海軍史上最大の不祥事といわれた「ダバオ誤報事件」の第一航空艦隊司令長官寺岡《てらおか》謹平中将は、いずれも不問に付された。

あまつさえ、以後、福留中将は第二航空艦隊司令長官、第十方面艦隊司令長官に、寺岡中将は第三航空艦隊司令長官へと栄進している。

およそ、信賞必罰の理念を越えた大甘の人事であった。

〈アメリカ海軍の信賞必罰〉

さて、これら日本海軍の大甘の人事にまったく対照的なのがアメリカ海軍である。そのよい事例が、ガダルカナル島争奪戦におけるR・L・ゴームリー中将の更迭《こうてつ》であった。一九四二年（昭和十七）八月七日、連合軍はソロモン諸島南端ガダルカナル島を強襲、米第一海兵師団一万八千を揚陸し、同島を制圧した。

しかし、以後の戦況は、連合軍にとって必ずしもかんばしくなかった。日本海軍の果敢な反撃により、艦艇、航空機に甚大な損害を出した連合軍にあって、空母機動部隊、水陸両用戦部隊を率いる攻略部隊指揮官F・フレッチャー中将は、揚陸部隊を置き去りにしてガダルカナル島水域から引き揚げてしまった。

W・F・ハルゼー大将

同島の海兵隊にしてみれば、二階に上げてハシゴを外《はず》されたようなものである。

また、いままでの兵力小出し、逐次投入の愚をさとった日本陸軍は、十月下旬を期し勇猛をもってなる仙台の第二師団主力の二万をもっての総攻撃を準備、それに呼応して海軍も空母機動部隊である第三艦隊をトラック島から南下させている。

この情勢におそれをなした同方面の総指揮官ゴ

ームリー中将は、ガダルカナル島攻略作戦を打ち切り、部隊を同島から撤退させることを考えはじめた。

いまガダルカナルから部隊を撤退させれば、緒についたばかりの対日反攻作戦が頓挫する。この時、アメリカ海軍のとった処置は果断だった。

上司、海軍作戦部長E・キング大将（のち元帥）と相談した太平洋艦隊司令長官は直ちにゴームリーとフレッチャーを解任、そのあとにアメリカ海軍きっての猛将W・F・ハルゼー中将（のち元帥）、勇将T・C・キンケード少将をもってきた。

じつに決戦五日前のことである。

ハルゼーはよくニミッツの付託に応え、日本側第二師団の総攻撃と、それに呼応する第三艦隊の攻撃を積極果敢な反撃で撃破し、同島を守りぬいた。このときのハルゼーの命令は、

「攻撃せよ！　繰り返す、攻撃せよ！」

という単純明快、アグレッシブなものであった。

ブルドッグを踏みつぶしたような憎々しい面がまえ、腕には錨の刺青《いれずみ》、傲岸《ごうがん》不遜な言動、なによりも蛮勇といえる抜群の行動力。官僚化した日本海軍なら大佐止まりもよいところである。

このような一癖も二癖もある猛将をトップに据えてその実力を発揮させ、その功績に報いるため、最終的に海軍元帥に昇進させたアメリカ海軍の現実主義には脱帽である。

時の海軍長官ノックスは「危機に際しては、思慮分別、公正などに問題があっても、蛮勇

をふるってそれを打開することができる人物が必要である」と、この人事をおこなったニミッツ大将を賞賛している。

ちなみに、更迭《こうてつ》されたゴームリー中将は、将来、米海軍における最高位「海軍作戦部長」間違いないと目されていた超エリートだったが、以後二度と陽の目を見ることはなかった。

（3）日本人は典型的な農耕民族で、国民性はそう簡単に変えられない

この日米両海軍における人事制度の差は、一口にいってその国民性によるもの。もっとくわしくいえば、「農耕民族」と「狩猟民族」の差といえよう。

典型的な農耕民族である日本人は、全体の調和を重んじる社会システムがベースであり、どうしても年功序列型になる。

たとえば、田植えの時期になれば、集落の者がみな集まって、水の引き方、田植えの順番を話し合う。そしてその合議内容をふまえての長老の「今年は、○○のところから田植えをはじめよう」などの意志により、すべてがきまる。

すなわち、合議性をベースに、すべてにバランスを取った社会システムであり、ともすればそのプロセスにおいて、恩義、義理人情、妥協などが深く入り込んでくる。

それら日本人の風土が深く影響しているのが、日本海軍の秩序を重んじた、年功序列第一の人事システムといっても差し支えなかろう。

一方アメリカは元来アングロサクソンで、典型的な狩猟民族である。熊や鹿などの獲物を見つけた場合、どうしてつかまえようかなど相談していては逃げられてしまう。

そのためには、真に村人たちを率いて獲物を追いつめることのできるリーダーが必要となってくる。

そこには、年齢や出自、人柄などには関係なく、リーダーとして傑出した能力を持つ者をリーダーに選び、その指図に従うという社会システムが確立する。

すなわち、農耕民族としてのバランス感覚とは反対の適材適所、またそれを満たすための抜擢ありのシステムである。

それがそのまま生かされているのが、いままで縷々《るる》述べてきたアメリカ海軍の人事システムである。

こう述べてゆくと、アメリカ海軍式の人事制度がすべて立ちまさっているように聞こえるが、このような制度はその国の独特の国民性、風土、伝統により成り立っているもので、理屈では分かっていても、そう簡単に変えられるものではない。

そのことは、わが国の官庁、企業における人事制度の主流がいまだ年功序列型であることが証明している。

強いて結論づければ、理屈はいろいろあっても変えられないのである。なにせ、国民性なのだから。

第三章　戦略や戦術はどうだったのか

（1）帝国海軍は主力をもって陸軍と戦い、一部をもって米国と戦った

軍隊のみならず、組織的な事業をおこなうときには「指揮の一元化」、平たくいえば指揮官は一人というのが鉄則である。

この不文律について英雄ナポレオンは、「一人の愚将は二人の名将にまさる」との名言をもって喝破している。

この指揮の統一という言葉とうらはらに、つねに不統一で太平洋戦争を戦い、そしてそれが最大の原因となってついに破れたのが日本であった。

かつての日本では、明治憲法第十一条「天皇ハ陸海軍ヲ統帥ス」第十二条「天皇ハ陸海軍ノ編制及常備兵額ヲ定ム」との規定により、統帥権は大元帥である天皇固有《こゆう》の大権として独立していた。

したがって軍事については、天皇の幕僚機関である統帥部（陸軍＝参謀本部、海軍＝軍令

部、有事には大本営設置）が取り仕切り、国家運営にあたる政府（陸軍省、海軍省をふくめて）がまったく容喙《ようかい》できないという大きな欠陥をもっていた。

問題は、その統帥部内での陸軍と海軍の関係である。

日本の軍事制度は、当初「海陸軍」と呼称されたように海軍優位で立ち上がったが、いろいろな変遷をへて明治二十六年（一八九三）制定の「戦時大本営条例」により、参謀総長を頂点とする陸軍優位型の一元統帥となった。

ところが、本来、同格であるべき軍令部長が参謀総長の下位に立たされる海軍側の屈辱感、屈折感は大きく、やがて激しい改正運動が起こり、ついに明治三十六年（一九〇三）、時の海軍大臣山本権兵衛大将の執念により、陸軍と海軍は同格になり、並立となったのである。

この結果、陸、海軍の統帥部はまったく独立並列して大元帥である天皇に直隷し、実質的に両者を指導、調整する者がいなくなってしまったのである。

一方のアメリカの軍隊は、最高指揮官である大統領を頂点とする「シビリアンコントロール」（政治優先）のもとにある。

有事には、大統領直属の統合参謀会議が作戦を計画し、これを完全な統合軍である各戦域軍に命令、作戦を実行させる。

ちなみに太平洋戦争における統合参謀会議は、ルーズベルト大統領のもと、大統領幕僚長リーヒィ大将（海軍）、陸軍参謀総長マーシャル大将、海軍作戦部長キング大将、そして陸軍航空部隊（のちの空軍）総司令官アーノルド大将からなる完全な統合司令部であった。

また作戦を実行する戦域軍も、たとえば中部太平洋を担当するニミッツ大将の太平洋部隊は、海軍主体ながらも有力な陸軍部隊をもち、マッカーサー陸軍大将の南西太平洋部隊も、キンケード中将の有力な第七艦隊を含んでいる統合軍であるところが日本側との大きな違いであった。

ここで、太平洋戦争における統合に関するエピソードを提供し、ケース・スタディしてみよう。

〈日本海軍〉

日本においては、国防戦略を定めた「帝国国防方針」の規定により、陸軍は大陸、海軍は太平洋をそれぞれ管轄し、お互いに不干渉を暗黙の了解としていた。

したがって、太平洋の島々で戦うなど、陸軍にとってまったく考えたこともなかった。

ところが、戦況の悪化にともなう海軍の強要により太平洋戦域に引きずり込まれ、対米戦の戦略・戦術、装備、訓練などの準備皆無で、優勢なアメリカ軍と戦うはめになってしまった。

しかも、艦隊決戦一本槍の海軍が、陸軍部隊の輸送や後方支援の面倒を見ないため、陸軍の海上部隊である船舶部隊を編成し、割り当てられた船舶の運航にあたるとともに、自前の護衛空母や強襲揚陸艦、輸送用潜水艦などを建造し、また船舶搭載用の対空、対潜兵器、レーダーを開発するなど、笑うに笑えぬ無駄な努力をしている。

海軍が陸軍の輸送船の護衛を一切しなかったため、前線に輸送中に海没した陸軍将兵の数は約十万名、八個師団に相当するという悲惨な状況をうんだ。

これらの背信行為にたいする陸軍関係者の恨みは、いまも深い。

〈アメリカ海軍〉

つぎはアメリカ軍である。太平洋における二人の戦域指揮官、マッカーサー大将とニミッツ大将は犬猿の仲であった。

マッカーサーにしてみれば、第一次世界大戦終結時には大将・陸軍参謀総長と一海軍少佐、第二次大戦の勃発《ぼっぱつ》時も復役の陸軍大将と無名の一海軍少将で、まったくの格違い。そのニミッツが小癪《こしゃく》にも自分と太平洋戦争の主導権を争うなど、我慢のならないことだった。

ニミッツは、一見温厚に見えるが根は剛直なテキサス生まれ。マッカーサーの理不尽な干渉は頑《がん》として認めようとしなかった。

ところがである。

ニミッツは、マッカーサー軍のレイテ島攻略にあたって、その指揮下にあるハルゼー大将の第三艦隊隷下の第三水陸両用戦部隊を、こころよくマッカーサーの指揮下に編入している。

戦後、ニミッツ大将はその著『ニミッツの太平洋海戦史』で、「海上におけるこのような一戦域の最高指揮官から、他の戦域の最高指揮官への混成部隊の指揮権の移動は、計画の柔軟性を示すとともに、指揮官たちの見事な協同を示すものである」と自賛しているが、まさにむべなるかなである。

ことあるごとに陸軍と角突き合わせ、中には、「帝国海軍は主力をもって陸軍と戦い、一部をもって米国と戦った」と公言する提督（大西瀧治郎中将・ポツダム宣言受諾時）がいる日本海軍には、到底できるわざではなかった。

（2）攻勢一本槍では米軍の攻勢防御と間接戦略にかなわなかった

行進曲「軍艦」（いわゆる軍艦マーチ）の出だしの「守るも攻めるもくろがねの」ではないが、戦いの場において攻撃と防御は車の両輪、表裏一体なのである。

しかし、この両者のいずれを優先するかといえば、それはいつに国民性、その国をとりまく軍事情勢、その軍隊の伝統によって異なり、一概にはいえない。

〈攻勢一本槍の日本海軍〉

日本海軍は、伝統的に攻勢／攻撃を重んじた。日本海軍の戦術のバイブル『海戦要務令』は、

「戦闘の要旨は攻勢を執《と》り速《すみや》かに敵を撃滅することにあり、故に情況やむを得ずして一時守勢をとることあるも苟《いやしく》も時機を得ば決然攻勢に転ずべきものとす」（戦闘の要旨）

また、

「防禦の完《まった》からしむることを期するときは勢ひ受動的となり自ら攻撃力の発揮を抑制するの結果に終ることあり　須《すべか》らく我より発して攻撃に継ぐに攻撃を以《もっ》てし敵をして応接に遑《いとま》なからしむべし　攻撃をもって最良の防禦となす所以《ゆえん》茲《ここ》に在り」（戦闘一般の要領）

と攻勢至上主義を標榜《ひょうぼう》していた。

これを平たくいえば、攻勢／攻撃の連続により相手を撃滅し、その結果として自分の安全を確保するという考えである。

典型的なこの考えの実行者が、連合艦隊司令長官の山本五十六大将だった。

彼は、日本海軍における最高の意思決定機関である軍令部の長期守勢戦略をねじ伏せ、北はアリューシャン列島、東はミッドウェーを経てハワイ、南ははるか赤道を越えてビスマルク諸島ニューブリテン島のラバウルを経て、ニューギニアのポートモレスビー（最初はオーストラリア北部）、ソロモン諸島、フィジー・サモア諸島を攻略するという、陸軍もびっくり仰天した途方もない連続攻勢主義の戦略構想をたて、逐次、実行に移していった。

これを少し詳しく説明すると、たとえば太平洋における最大の策源地トラック島を何としてでも守らなければならない。

そのためには最前線基地ラバウルが必要である。

ラバウルを守るためには、ポートモレスビーを取らなければならない。

そしてそのポートモレスビーを守るためにはソロモン諸島、フィジー・サモア諸島がいる。

といった具合で、きりがないのである。

国力、兵力、後方支援など何の裏づけもない拡大戦略が、やがてわが国の「攻勢終末点」を越えて破綻をまねき、敗戦の一大要因となったのである。

今風にたとえていうならば、最高経営責任者（CEO）のいうことを聞かない最高執行責任者（COO）の拡大路線の放漫経営が、その企業の経営破綻をきたしたということになろう。

〈アメリカ海軍の攻勢防御と間接戦略〉

さて、縷々《るる》日本海軍の攻勢至上主義について述べたが、じつは列国の兵術思想の主流はこれと正反対の「攻勢防御」主義なのである。

これは、まず自分の守りの体制／態勢をガッチリ堅め、それから敵のスキをねらって攻勢に移るというやり方である。

この考えは『孫子』が教えているように、守りは自分がやることだから一〇〇パーセントできる。

しかし、攻めは相手のあることゆえ、必ずしも自分の思いどおりいかないことも多い。したがって、まず足元をガッチリ固めておいて、チャンスを見て攻勢に出るという理屈である。

『孫子』とならぶ西洋の名兵学書、クラウゼヴィッツの『戦争論』もまったく同じことを述べている。

アメリカ海軍（連合軍）の戦略は、まさにこの攻勢防御であった。太平洋戦争初期、日本海軍の破竹の進撃にたいし、下《さ》がるところまで下《さ》がり、その間に十分に反攻の準備をととのえる。

そして、日本海軍の前線が伸びるだけ伸びて限界に達したのを見るや、俄然、反攻に転じ、その間に準備した圧倒的な兵力をもって、南太平洋と中部太平洋の両方面から攻めのぼってきたのである。

この猛攻の前に、日本海軍は連戦連敗、ちょうど源平合戦における平家の都落ちのように敗退をつづけた。

アメリカ軍は、もう一つの重要な戦略戦術を採用して実行した。

「間接戦略」である。

この間接戦略は、正面攻撃の「労多くして功少ない」ことをさとった二十世紀最大の兵学家リデル・ハート卿が考案したもので、極力正面攻撃をさけ、敵のもっとも大切なもの、もっとも弱いところを衝き、戦わずして勝つというものである。

彼はこの間接戦略を考案するにあたって、理論は中国の名兵法書『孫子』の「百戦百勝は善の善なるものにあらず」の教えからとり、実例は第二次ポエニ戦争において、カルタゴの名将ハンニバルを破ったローマの名将大スキピオから学んだといわれている。

アメリカ軍はこの間接戦略をフルに活用し、航空機と潜水艦による徹底した日本船舶の攻撃。戦略爆撃機B－29による日本本土周辺の港湾、航路への機雷敷設による海上交通の破壊。

同じくB－29による日本本土への戦略爆撃により日本の継戦能力を奪い、先の正面攻撃と相まって日本を敗戦に追い込んだのである。

（3）空母機動部隊は日本とアメリカのいずれが元祖なのか

太平洋戦争においては、日本海軍と米海軍の空母機動部隊同士が激しく対決した。「珊瑚海海戦」「ミッドウェー海戦」「南太平洋海戦」そして「マリアナ沖海戦」である。

このような空母機動部隊同士がしのぎをけずる海戦は、以後行なわれることはなかったが、この空母機動部隊の元祖は、日米海軍のいずれだったのだろうか。

わが国の戦史家や戦記作家の多くは、先に述べたように、日本海軍が世界海軍史上初の空母部隊を統一指揮する第一航空艦隊を編成し、これをもって真珠湾攻撃で大戦果をあげたことをもって、日本こそが空母機動部隊の元祖だとする。

そして、アメリカ海軍はこれを手本とし、急遽、戦艦主体の編成や戦法などを空母機動部隊中心に切り換えたというのが通説になっている。

ところが、それはまったく違うのである。

アメリカ海軍は、空母機動部隊の機動打撃力の有効性を早くから（一九三〇年代の初頭）認識し、空母に護衛の巡洋艦、駆逐艦の戦隊を配属した「任務部隊」（TASK FORCE：TF）として運用していた。

戦艦アイオワ。33ノットの高速を利し空母部隊の直衛に任じた

ちなみに、ここでいう任務部隊とは、アメリカ海軍特有の部隊編成（任務編成という）で、ある作戦を行なうために必要な異種兵力を組み合わせて随時編成される部隊をいう。

そして、空母機動部隊指揮官や空母艦長など航空関係の上級指揮官育成のため、佐官級の艦艇乗組士官にたいし、パイロット教育をおこなっている。

たとえば、海軍最高位の海軍作戦部長キング大将（のち元帥）は水上機母艦艦長（大佐・四十八歳）のとき、また第三艦隊司令長官ハルゼー大将（のち元帥）は、偵察部隊参謀長（大佐・五十一歳）のとき、それぞれ操縦資格をとっている。

太平洋戦争の開戦直後、アメリカ海軍は太平洋艦隊所属の三隻の空母をもって、W・ブラウン中将ひきいる空母レキシントン基幹の第十一任務部隊（タスクフォース11：TF11）、猛将W・ハルゼー中将のエンタープライズ部隊（TF16）、そしてF・フレッチャー少将のヨークタウン部隊（TF17）の三つの空母機動部隊を編成し、日本海軍が占領中の島々を荒らしまわった。

また一九三八年（昭和十三）、ルーズベルト大統領の大号令ではじまった大海軍計画の主体は、基準排水量二万七千トン、速力三十三ノット、搭載機約一〇〇機の「エセックス」級空母十七隻、同三万五千トンあるいは四万五千トンの新式高速戦艦である。

この戦艦のうち、四万五千トンの「アイオワ」級は、日本の超戦艦「大和」の十八インチ（四六センチ）主砲に匹敵する威力をもつ長砲身十六インチ（四〇・六センチ）主砲九門、従来の戦艦のもっていた中間口径の副砲は全廃、その代わりに防空用としてきわめて高性能な射撃指揮装置でコントロールされる、五インチ両用砲連装十基計二十門でハリネズミのように武装されていた。

この新式の空母、戦艦を主体に高速空母機動部隊を編成し、その強大な機動力、打撃力によって本格的反攻に出るというのが、アメリカ海軍の戦略であった。

さて、以上を勘案すると、空母機動部隊を編成し、これを独立運用してその機動打撃力を発揮させようとしたのは、アメリカ海軍の方が早い。

強いてまとめると、空母機動部隊の着想や活用については、元祖、本家はアメリカ海軍、宗家《そうけ》は日本海軍ということになろう。

（4）鉄壁の縦深配備――アメリカ海軍の艦隊防空は完璧だった

「攻撃は最大の防御」を信条に、攻撃につぐ攻撃で相手を撃破すれば、自分の安全は確保できると考えた日本海軍。

まず防御態勢をガッチリ固め、それから機を見て攻勢／攻撃に出る「攻勢防御」に徹したアメリカ海軍。

この両者の違いを、太平洋戦争の華といわれた空母機動部隊の艦隊防空を例に見てみよう。

元来、航空母艦はその強大な攻撃力とうらはらに、相手の攻撃にたいしてきわめて脆弱な面をもっている。

大きな図体《ずうたい》にくわえて航空機、その搭載するガソリン、爆弾、魚雷などの可燃物、爆発物を山のように積んだ「カチカチ山のタヌキ」のようなものである。

この空母の脆弱性にたいし、日米海軍が解決のためにとったアプローチはまったく異なっていた。

日本海軍は、いままで縷々《るる》述べてきた「攻撃は最大の防御」の兵術思想に固執し、空母機動部隊の艦隊防空にさしたる配慮をはらわなかった。

日本海軍の空母機動部隊の防空態勢は、複数の空母の周囲を二～三隻の高速戦艦あるいは重巡洋艦、そして数隻の駆逐艦が警戒艦（護衛艦ではない）として取り巻く。

しかし、レーダー（電波探信儀：電探）の性能が劣悪なため早期探知ができず、敵発見は上空の直衛機や警戒艦、そして空母自身からの肉眼での見張りに頼らざるを得なかった。

また敵を発見しても有効な無線電話を持たないため、情報交換がまったくできず、各個バラバラの対空戦闘しかできなかった。

マリアナ沖海戦において、日本機を迎撃したＦ６Ｆ戦闘機が第58任務部隊上空に残した飛行機雲。激しい空戦を物語っている

その防空戦闘も、直衛機である零戦《れいせん》（いわゆるゼロ戦・零式《れいしき》艦上戦闘機）の制空力は別として、艦艇にほとんど対空能力がないので、どうしようもないというのが実状であった。日本の駆逐艦の主砲一二・七センチ砲は対水上射撃専用で、対空射撃はまったくできなかったという嘘のような話である。まがりなりにも対空射撃ができる、九四式《きゅうよんしき》高射装置でコントロールされる長砲身一〇センチ高角砲八門を装備した少数（十三隻）の「秋月」型防空駆逐艦が登場するのは、戦争後半のことであった。

一方のアメリカ海軍は、空母の攻撃力の増大につとめるだけでなく、その防御面にも大きく力を入れていた。

日本の空母にくらべて頑丈にできている構造にくわえ、応急処置能力（ダメージ・コントロール）の強化につとめるとともに、個艦、そして艦隊全体の防空能力の向上をはかっていた。

それは、戦闘機をはじめとする対空兵器の性能向上とそれらの縦探配備、そしてそれを高性能のレーダーと無線電話で結びつけた徹底したシステム化にあった。

このアメリカ海軍の艦隊防空の実際については、前にも少しふれたが、いまいちど「マリアナ沖海戦」に例をとって記しておこう。

M・ミッチャー中将が率いる高速空母機動部隊・第五十八任務部隊（タスクフォース58）は、まず部隊前方六十浬《カイリ》に優秀な対空レーダーをもつ駆逐艦数隻をレーダーピケット／早期警戒艦として配備し、その上空に哨戒の戦闘機を置き、敵機の早期探知にあてるとともに第一の阻止線とした。

同部隊は四つの任務群（タスクグループ）に分割され、各任務群はそれぞれ四隻の空母を中央に、まず四隻の新式戦艦または重巡洋艦がかこみ、さらにその外周を十六隻の駆逐艦がとりまく完璧な防空陣形といえる輪形陣であった。

また、完備した防空ドクトリンにより、部隊全体の防空戦は任務部隊指揮官（CTF）が乗艦する空母が、各任務群についてはそれぞれ任務群指揮官（CTG）乗艦の空母が防空艦となり、対空レーダーと優秀なVHF／UHF無線電話で指揮した。

なお、マリアナ海戦において、第五十八任務部隊攻撃に向かった日本側、第一機動艦隊の飛行機隊が、完璧な防空陣の前にどうなったかは、すでに第二部で述べた通りである。

（5）対潜水艦戦はじつに組織的な総合戦術だった

先に述べた防空戦と同じく、日本海軍がアメリカ海軍に大きく遅れをとったものに対潜水艦戦（対潜戦）がある。

その対潜戦を直接になうべき駆逐艦に、まったくといっていいほど対潜能力がないのである。

まずレーダーがない。

水測兵器といわれる水中探信儀（ソナー）と聴音機はあるにはあったが、性能が劣悪で、正確な潜水艦探知はほとんど望めず「どうもこのあたりに潜水艦がいるのではないか」程度のものだった。

また、対潜水艦戦術らしきものはまったくなく、実際に潜水艦を標的とした対潜訓練は皆無だったという、嘘のような話である。

それでは実戦場面ではどうしたのだろうか。

潜水艦存在の兆候、たとえば雷撃をうけた場合、その居そうな海面に投射器、投下器でやみくもに爆雷を打ち込むというものだった。

したがって多くの駆逐艦に厳重に護衛されているにもかかわらず、その警戒網をすり抜けて肉迫した米潜に重要艦船を撃沈された例が多い。

マリアナ沖海戦における空母「大鳳《たいほう》」「翔鶴《しょうかく》」、比島沖海戦後、日本に帰還中バシー海峡で撃沈された戦艦「金剛」、そして戦争末期に横須賀から呉へ回航中、潮岬沖で撃沈された空母「信濃」等々である。

また、潜水艦を積極的に狩り出す対潜掃討に向かった駆逐艦が、返り討ちにあって撃沈されるという不様《ぶざま》な事態さえ起こっている。

一方のアメリカ海軍の対潜水艦戦は、じつに組織的であった。

大西洋でのドイツのUボートの活躍に対処する必要もあり、一九四二年（昭和十七）ころから長距離哨戒機の投入、護衛空母や護衛駆逐艦など対潜艦艇の大量建造、対潜戦術学校の新設と大量の要員教育などを行なっている。

また科学者をふくむ「対潜研究委員会」を設立し、オペレーションズ・リサーチ（ＯＲ）の手法をもちいて、新しい対潜戦術、対潜部隊の編成、船団の隻数と護衛艦艇の隻数、対潜装備とその用法の開発などに大きな成果をあげた。

それでは、ここでアメリカ海軍の一連の対潜作戦の経過を紹介してみよう。

アメリカ海軍における対潜水艦戦専門の第十艦隊司令部が、日本海軍の暗号電報解読、通信波の方位測定により、日本潜水艦の所在をつかんだ。

直ちに近くにいる対潜部隊「ハンター・キラーグループ」に急行の指令が出る。

ハンター・キラーグループは商船改造の護衛空母（Escort Carrier）一隻、護衛駆逐艦（Destroyer Escort）六隻、そして対潜機など搭載機二十機からなる。

さて、レーダーで浮上中の潜水艦を探知したハンター・キラーグループは、グラマンＴＢＦ雷撃機改造の捜索機、攻撃機、各一機のペア「ハンター・キラーチーム」を差し向ける。

レーダーや逆探をもたない日本の潜水艦は、突然の対潜爆弾による航空攻撃に驚き、急速潜行する。

そこに駆けつけた護衛駆逐艦による対潜戦闘がはじまる。

攻撃法は「連合攻撃」といい、潜水艦を探知したうちの二隻が攻撃チームとなり、交互に攻撃艦となって攻撃にあたる。他の艦はその攻撃現場をとりまく円周上をまわりながら、潜水艦の逃走を阻止する。

攻撃兵器は艦首装備の新式前投兵器「ヘッジホッグ」で、二十四発の小型爆雷が約二〇〇メートル前方に、半径一〇〇メートルの輪をえがいて弾着する。そのうちの一発が命中すれば他の二十三発も誘発、強力な炸薬「トルペックス」の威力により、日本潜水艦はあえなく沈没というパターンだった。

もし、この戦闘中に敵潜水艦をミスした場合、その探知ミスの状況に応じた捜索要領のパターンが何種類も用意されており、直ちに捜索開始、再探知、そして再攻撃ということになる。

（6）強襲上陸作戦を任務とする画期的な水陸両用戦部隊

ここで出てくる「水陸両用戦」（Amphibious Warfar）という用語に戸惑《とまど》われる向きもあろうかと思う。

一言でいえば、高度に組織化された上陸作戦のことで、第二次世界大戦においてアメリカ軍が使いはじめた軍事用語であり、作戦の形態である。

それでは、それまでの上陸作戦、特に日本軍のそれとどう違うのであろうか。

日本陸軍の代表的軍歌「歩兵の本領」に、

「千里東西　波越えて　我に仇なす　国あらば
　港を出《い》でん　輸送船　暫《しば》し守れや　海の人」

という楽章があるが、この歌詞がそのまま日本軍の上陸作戦の状況をあらわしている。

ある上陸作戦を行なう場合、参加部隊は陸軍船舶司令部のある広島県宇品港に集合する。そして陸軍が徴用した輸送船に乗せられ、同港を出港する。途中、護衛を命じられた海軍部隊が合流し、その護衛を受けながら目的地に向かう。

上陸地についた船団は、それぞれの輸送船が搭載している上陸用舟艇である大発《だいはつ》（大型発動艇）を降し、部隊を乗せて上陸地に着岸し上陸させる。

宇品出港から航行、上陸までの一連の作戦行動は、すべて陸軍船舶司令部の指揮指導のもとにおこなわれ、海軍の役割は途中の護衛のみである。

したがって、ガダルカナル島争奪戦においては船団が目的地につけば、敵がいようがいまいがそのまま引き揚げ、残された船団が全滅するという場面も生じている。

要するに上陸作戦は陸軍の仕事で、海軍は関係ないという態度であった。

一方アメリカは、日本軍に占領されている中部、南太平洋の島々を攻略し、最終的には日本本土上陸作戦を任務とする「水陸両用戦部隊」（Amphibious Operation Force）を編成した。
この水陸両用戦部隊は、上陸作戦をおこなう部隊としては海軍史上はじめての、画期的なものであった。

大発（大型発動艇）。部隊を着岸上陸させる上陸用舟艇である

上陸部隊である海兵師団、陸軍歩兵師団からなる「水陸両用軍団」。

この水陸両用軍団はじめ戦車、重砲、食糧、弾薬などを輸送する多数の給兵艦、給弾艦、給糧艦、上陸用舟艇からなる「輸送部隊」。

この輸送部隊を護衛するのが、商船改造の護衛空母、巡洋艦、駆逐艦からなる「護衛部隊」。

この護衛空母は基準排水量八千トン、速力十八ノットの小型低速ながら、艦首に設けた蒸気カタパルトにより、グラマンF6F戦闘機、同TBF雷撃機など新型機三十機を搭載運用できた。

おなじ商船改造の空母が、カタパルトを持たないためその多くが実質的に空母として役に立たず、飛行機運搬船としてしか使えなかった日本とは大きな違いである。

旧式戦艦群からなる「支援部隊」。

真珠湾攻撃により撃沈破されながら以後、引き揚げ、修理、大改装された五隻を主とするこの支援部隊は、上陸前にその大口径主砲で艦砲射撃をおこない支援するのが任務である。

この四者が一体になって、強襲的上陸作戦をおこなう仕組みである。

先に述べた、日本の従来の、徴用した輸送船に陸軍部隊を乗せ、これを臨時に海軍部隊が護衛してゆく間に合わせの上陸作戦とは似ても似つかないものである。

この水陸両用戦部隊は、中部太平洋横断の第五艦隊の第五水陸両用戦部隊、南太平洋から攻めのぼる南西太平洋軍の第七水陸両用戦部隊の二つがあり、太平洋の島々を席巻、やがてサイパン、フィリピン、硫黄島、沖縄を攻略、日本本土を目指したのである。

(7) 雲泥の差――潜水艦の特性をいかすかどうかが明暗を分けた

いまも海上自衛隊の潜水艦部隊で愛唱されている軍歌に「轟沈《ごうちん》」という曲がある。

「可愛い魚雷と一緒に積んだ青いバナナも黄色く熟《う》れた」ではじまり、最終節「轟沈轟沈凱歌が上がりゃ　積る苦労も苦労にゃならぬ」で終わるこの曲は、日本海軍の潜水艦部隊の活躍をひろく国民に示し、一世を風靡《ふうび》したものだった。

しかし実際は、この歌詞とはうらはらに、日本海軍の潜水艦の活動は惨憺《さんたん》たるものだった。

それはいつに、日本海軍が潜水艦の用法を誤ったからである。

すなわち日本海軍は、潜水艦の特性であるその隠密性をいかした海上交通路の破壊という機能には、一切目もくれなかった。

そして、唯一の兵術思想である「艦隊決戦」の有力な一翼とのみ考えていた。

『海戦要務令』の第五章「Ss（潜水艦戦隊）の戦闘」の冒頭に「Ssの戦闘は適切なる散開配備により敵主隊を奇襲するを以って本旨とする」とあるように、この考え方から脱却することはできなかった。

したがって、自らも有力な対潜部隊を派遣した第一次世界大戦において、イギリスがドイツ海軍のUボートによって海上交通を破壊され、敗退直前まで追いつめられたこと。そして今また第二次世界大戦において、同じ事態が繰り返されていることに、目を向けようとしなかった。

さらに、潜水艦を通商破壊にもちいることを強くすすめるドイツ海軍の説得にも、耳を傾けようとはしなかったのである。

もし日本海軍が、その優勢な潜水艦部隊を長く伸びきった連合軍の海上交通路の切断に使用していたならば、連合軍は後方支援の途絶により、相当の苦戦はまぬがれなかっ

ガトー級は米艦隊型潜水艦の集大成ともいうべき潜水艦だった

ただろうとは、世界の戦史家の見るところだった。

太平洋艦隊司令長官ニミッツ元帥は、戦後このことをその著書『ニミッツの太平洋海戦史』の中で、「日本の戦争指導者たちが、近代戦における補給輸送部門の大切な地位を重視しなかったことは明白である」と酷評している。

一方、太平洋戦争開戦時の日本とアメリカの潜水艦数はほぼ同数（六四隻対五四隻）であったが、その用法はまったく異なっていた。

アメリカ側は、この潜水艦を徹底して長く伸びた日本の軍事、民需のための海上交通路の破壊にあてた。

また、潜水艦自体の性能についても格段の差があった。

日本の潜水艦はその水上速力大、航続距離の長大などの長所もあったが、概して造りが雑で雑音大、レーダーや逆探を装備せず、水中聴音機の性能も劣悪で、だいいち艦型があまりにも多すぎ雑多だった。

これに対しアメリカ側は、大戦前半は「S級」、中期からは「ガトー」級にタイプをしぼった高性能潜水艦を建造した。

高性能のSJレーダー、水中聴音機をもつアメリカ潜水艦は、日本側の主要航路に哨区ごとに配備され、輸送船はおろか軍艦までを血祭りにあげたのである。

日本海軍の暗号電報の解読などにより日本側の行動を知った司令部の指示により、彼らはその航路付近で待ち伏せる。

そして日本側がレーダーや逆探をもたないのをよいことに、ＳＪレーダーを活用しながら水上航走で接敵し、至近距離から雷撃する戦法をとった。

このような中には、上級司令部からの哨区変更の指示をうけ、夜間、浮上移動中を狙い撃ちされた日本潜水艦の被害も大きかった。

結論的にいって、日本海軍の潜水艦は開戦時六四隻、以後の就役数一二六隻、計一九〇隻を数えたが、終戦時に残ったのは老朽艦を主に五十隻余。その間、二、三の例をのぞいて、さしたる戦果も挙げ得なかった。

一方アメリカ海軍は、開戦早々は魚雷の性能不備による若干のトラブルはあったものの、以後、順調に進展し、日本の船舶喪失八四三万トンの六三パーセントにおよぶ約五三〇万トン、各種艦艇二一四隻、総排水量五十八万トンを撃沈し、その継戦能力の喪失にきわめて大きく寄与している。

また、その間のアメリカ潜水艦の喪失は五十二隻（うち七隻は事故）であった。

要するに、潜水艦の特性を生かすか生かさないかという基本戦略が、両者の明暗を分けたといっても差し支えないであろう。

（8）主力部隊の指揮官交代制という奇想天外のシステムがあった

日本海軍とアメリカ海軍との比較において、よく引き合いに出されるのは、アメリカ側の

〈第3／5艦隊主要指揮官〉

艦隊	第3艦隊 W. ハルゼー大将	第5艦隊 R. スプルーアンス大将
高速空母機動部隊	第38任務部隊 (TASK FORCE 38) J. マッケーン中将	第58任務部隊 (TASK FORCE 58) M. ミッチャー中将
水陸両用戦部隊	第3水陸両用戦部隊 C. ウィルキンソン中将	第5水陸両用戦部隊 K. ターナー中将
上陸部隊	第3水陸両用軍団 R. ガイヤー海兵中将	第5水陸両用軍団 H. スミス海兵中将

人的資源の余裕による戦闘員の交代制である。

たとえば航空機の搭乗員たちは、①前線で戦闘に従事中、②後方基地で訓練中、③本国で休養中の三交代制で、十分に休養して士気を高揚させ、また練度を向上させて戦線に赴くというものであった。

なかでも、日本海軍がとうてい考えつくこともできなかったのが、主力部隊である第五艦隊の指揮官交代制という奇想天外のシステムであった。

アメリカ海軍が中部太平洋を横断して日本攻略をめざす大艦隊の第五艦隊を編成し、スプルーアンス大将をその司令長官に就任させたことは先に述べた。

じつはこの艦隊には、二組の統帥機構が準備されていた。艦隊司令長官をはじめ主要部隊にはそれぞれ二人の指揮官がいて、交互に指揮をとるというユニークなシステムであった。艦隊そのものはまったく同一のものであるのに、スプルーアンス大将が指揮するときは第五艦隊、ハルゼー大将が指揮するときは第三艦隊と呼ばれ、その隷下主要部隊もそのつど第五十八／三十八任務部隊（高速空母機動部隊）、第五／三水陸両用戦部隊となり、その指揮官も交代するというものだった。

その概要は右表のとおりである。

この二部編成の指揮システムをもうけた理由は、次のようにきわめて合理的なものであった。

▽ある作戦を終了した主要指揮官は、その職を保持したまま旗艦と少数の護衛部隊、そして幕僚たち司令部要員と真珠湾に帰投し、休息リフレッシュする。

▽そのリフレッシュ期間を利用して、太平洋艦隊司令部と次の作戦について、じっくりと打ち合わせ万全を期す。

▽めざす作戦の内容によって、適任の指揮官をあてる。

たとえば、マリアナ沖海戦のように慎重な作戦を必要とする場合は、知将スプルーアンスを、そしてレイテ沖海戦のように思いきった作戦が必要な場合は、猛将ハルゼーをあてるといった具合である。

▽第三艦隊と第五艦隊という別個の二つの艦隊あるように、日本側に思い込ませる。

これはまんまと成功し、眩惑された日本海軍は二つの艦隊を求めて右往左往することになった。

固定的観念にとらわれ、教条的にしか物事を考えることができない日本海軍には、到底できなかったことといえよう。

第四章　装備の性能はどちらが優れていたか

（1）超戦艦「大和」は米新鋭戦艦アイオワ級に勝てたのだろうか

太平洋戦争において、日米両海軍はそれぞれ「大和」級二隻、「アイオワ」級四隻の新鋭戦艦を登場させた。

しかし、三年八ヵ月にわたるこの戦争において、両者は相見《あいまみ》えることはなかった。そこで、大和とアイオワを戦わせるバーチャル・アクションをシミュレートしてみよう。

両者の攻撃力や防御力など戦闘力のデータは次頁の表のとおりで、これを見るかぎり、文句なしに大和の勝ちと思える。

ところが、それは海軍砲術を知らない人の素人《しろうと》考えなのである。ズバリいって、この勝負はアイオワの完勝なのである。

砲戦の勝敗は、単に砲の口径の大小ではなく、それをコントロールする射撃指揮装置（GFCS＝Gun Fire Control System）の性能いかんにあるからである。

アイオワは大和のそれをはるかに上まわる、「Ｍｋ《マーク》38ＧＦＣＳ」を装備していた。中でも、目標との間の距離測定（「測距」という）の精度に決定的な差があった。

大和では、測距に基線長一五メートルの光学的測距儀を使用していた。少し専門的になるが、測距儀の原理は左下図のとおりである。

その誤差は距離の二乗に比例して大きくなる。たとえば大和の測距儀の誤差を、距離二万メートルでプラスマイナス五百メートルとすると、三万メートルで同千二百メートル、最大射程四万メートルでは実に同二千五百メートルとなる。

一方のアイオワは、測距に精巧な射撃用レーダーＭｋ８を使用している。理論上、電波を

〈日米主力艦戦闘力の比較〉

		大和	アイオワ
基準排水量		約65,000トン	約45,000トン
攻撃力	主砲	18インチ凹×3	16インチ凹×3
	最大射程	42,000m	39,000m
	弾丸重量	1,460kg	1,225kg
防御力	砲塔前面	650mm	500mm
	砲塔上部	270mm	180mm
	舷側	410mm	330mm
速力		27ノット	33ノット

凹…三連装砲塔

測距儀の原理

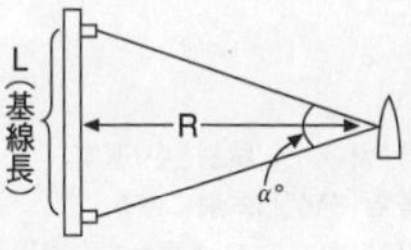

$$\frac{L}{R} \fallingdotseq \tan\alpha$$

$$R \fallingdotseq \frac{L}{\tan\alpha} = L \cdot \cot\alpha$$

$$\triangle R = K\frac{R^2}{L \cdot N}$$
（誤差）

L（基線長）は右眼と左眼の距離
Rは距離、Nは測距儀のレンズの倍率、△Rは誤差をあらわす

日米戦艦の水上射撃の比較

〔条件〕

距離：30,000m
弾丸飛行秒時：1分30秒
修正費消時：45秒

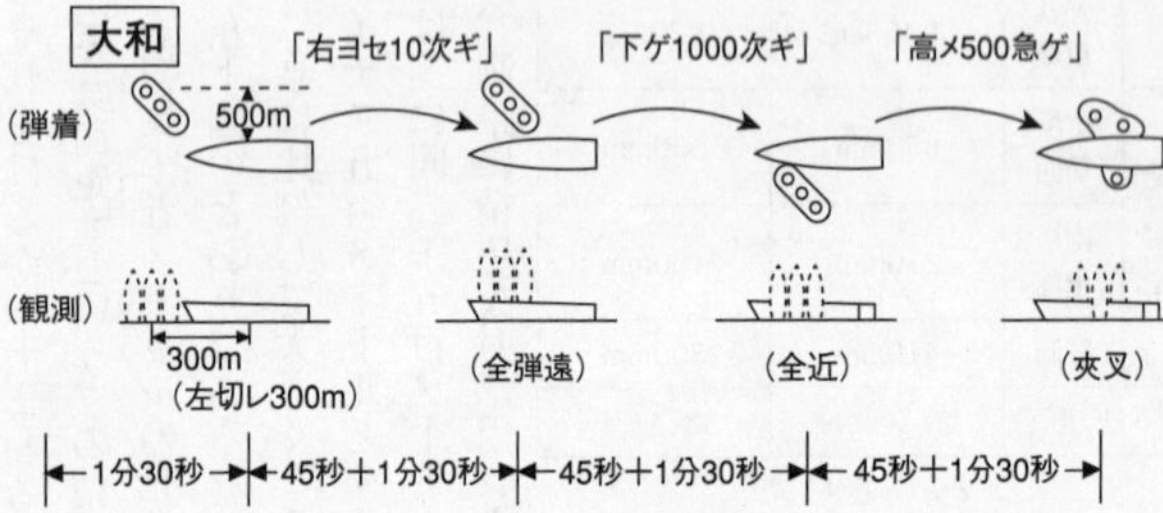

有効弾を得るまで試射3回、時間にして8分15秒を要する。。

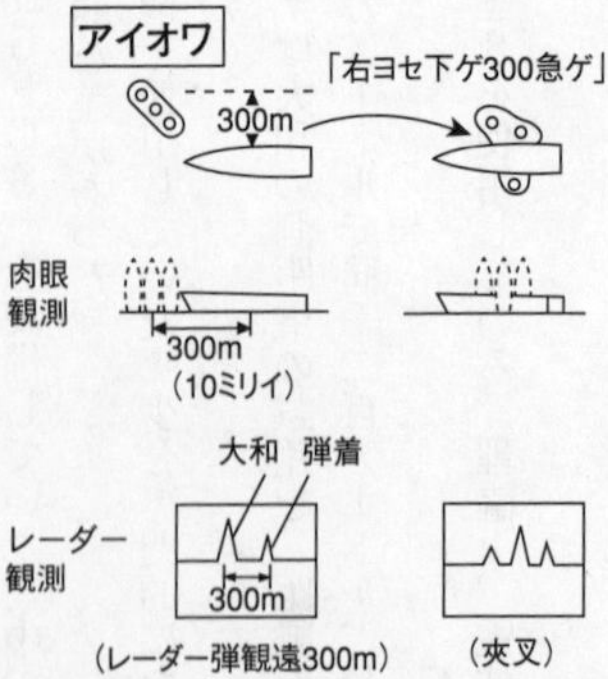

(注)
①号令「次ギ」：試射をくり返す。
②号令「急ゲ」：本射に移る。
③ミリイ：左右のズレを表わす砲術用語。

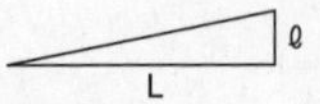

$\frac{\ell}{L}\times 1000$＝ミリイ

有効弾を得るまで試射1回、時間3分45秒。

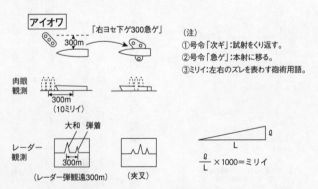

つかっての測距誤差では、距離の大小には関係ないのである。

しかも、レーダー射撃の大きな利点は、そのスコープ（画面）上で弾着の水柱と目標のズレを観測、直ちに射弾修正に利用できることである。

そこで、両艦が距離三万メートルで砲戦を行なった場合をシミュレートすれば、前頁の図のようになる。

この場合、大和は測距誤差を念頭において確率論ベースの「公算射法」、アイオワは射撃用レーダーで正確に測距しながらの「必中射法」である。

なお、このシミュレーションでは、格段に差のある計算機（射撃盤）の性能、日本海軍がついに持てなかった砲の自動操縦《リモート・コントロール》システムの有無などは加味していない。

何よりも、射撃用レーダーの有無は決定的な差となった。

満足な捜索用レーダーを持たず、かつ射撃用レーダーなしの大和は、優秀な捜索用、射撃用レーダーを持つアイオワに知らないうちにロックオンされ、何が何だかわからないうちに命中弾をあび、沈没ということになったであろう。ウェポンシステムが、一世代遅れていたのである。

（2）日本の空母はカチカチ山のタヌキだったのか

太平洋戦争において、日本海軍の正規空母のすべてが喪失したのにくらべ、アメリカ海軍の主力「エセックス」級正規空母は、戦争末期、激しい日本の「特別攻撃」にさらされ、相当の損傷艦を出しながら、沈没した艦はない。

この理由《わけ》は何だったのだろうか。

アメリカの空母は、まず日本の空母にくらべてきわめて頑丈につくられていた。

そして、搭載機数をふやし、かつ攻撃をうけた場合、船体への被害を少なくするため、航空機は原則として飛行甲板係留だった。

飛行甲板直下の格納庫は、整備作業主体でまわりを風／波よけで囲んだだけのオープンハンガー。これなら爆風が艦外に吹きぬけて、船体そのものへの重大な影響を避けることができる。

また、格納庫から飛行甲板へ航空機を揚げおろしするエレベーターは、艦側に設置されたサイド・エレベーターだった。

これなら飛行甲板に被害が発生しても、航空機の昇降には支障がない。その上、泡沫式消火装置をはじめ各種防火装置を完備し、専門の応急班（ダメージコントロールチーム）が防火防水などの機能をもち、被害極限にあたった。

これに反し日本の空母は、航空機の格納、魚雷、爆弾等の搭載、燃料補給、機体整備などすべての作業を、密室のような格納庫でおこなっていた。しかも、飛行甲板は防護されていない。

また、防火防水など応急作業は運用科員の兼任で、設備も従来の海水による消火装置主体のものであった。

ミッドウェー海戦において、「赤城《あかぎ》」をはじめとする歴戦の正規空母四隻が、アメリカ側の急降下爆撃機SBD「ドーントレス」の五〇〇ポンド（二二五キロ）爆弾一～二発をくらって炎上、喪失となったのも、原因はそういうところにあったのである。

マリアナ沖海戦において、初陣《ういじん》の新式空母「大鳳」が米潜水艦から受けたたった一発の魚雷によって爆沈した原因は、その魚雷そのものではなかった。

魚雷爆発の衝撃により燃料タンクのリベットがゆるみ、主燃料で揮発度の高いボルネオ原油やガソリンのガスが艦内に充満したが、それを排除する設備も、人的能力もない。

また、自然排気に役立つエレベーター入口も、衝撃でエレベーターが故障していて開かない。

やがてそのガスに引火して大爆発を起こしたが、重装甲板のため爆風が外に抜けることができず船体を直撃、沈没するにいたったのである。

（3）もし日本海軍にVT信管があったとしても何の役にも立たなかった

日本海軍が、アメリカ海軍にくらべて大きく遅れていたものの一つに、対空射撃がある。

ある統計によると、双方の主要対空火器である一二・七センチ高角砲（アメリカ側は五インチ両用砲 dual purpose Gun）の命中率は、何とアメリカ五〇パーセント、日本〇・三パーセントだった。

アメリカ側は二〜三発射てば一発当たるのに、日本側は千発射ってやっと三発命中するというお粗末さである。

戦記作家などによれば、その原因は日本海軍が時計仕掛けの時限信管（Mechanical Time Fuse）を使っていたのに対し、アメリカ海軍は画期的なVT信管（Variable Time Fuse＝近接自動信管）を使用していたから、というのが通説になっている。

しかし、真実はそうではなく、高角砲をコントロールする射撃指揮装置に決定的な性能差があったのである。

日本海軍の代表的な対空用射撃指揮装置である九四式《きゅうよんしき》高射装置は、対空目標との距離を測定するのも、それを照準追尾するのも人力の光学装置であり、弾道計算は概算式でラフであった。

そして何よりも、砲の自動操縦システムがないため、高角砲の砲側の射手（俯仰）、旋回手の二人が高射装置から指示されるデータを見ながら、ローカル操縦していた。

その結果、動きの速い対空目標に、砲の追尾が追いつかないのである。

一方、アメリカ海軍のMk《マーク》37射撃指揮装置（GFCS）は、対空射撃はもちろん対水上射撃、対陸上射撃もこなす優《すぐ》れものだった。

目標を自動追尾する射撃用レーダーから送られる正確なデータは、高性能の計算機である射撃盤Mk1で処理され、正確な発砲諸元《しょげん》——砲旋回角、仰角、信管秒時《びょうじ》を計出する。

この発砲諸元は自動操縦システムを通じて高角砲に伝えられ、スムースに目標を追尾して正確に発射できる。

そしてその弾丸に、VT信管がついているのである。

VT信管は小型のレーダーである。目標の近くを通過すると、反射電波によって弾丸を炸《さく》裂《れつ》させ、その弾片効果によって撃墜するというものである。

その電波の有効範囲は約二十メートルだから、その範囲に砲弾を撃ち込まないと作動しない。

だから、VT信管が化《ば》け物《もの》といわれるような威力を発揮できたのは、精巧なMk37射撃指揮装置があってのことだったのである。

目標をとらえることさえ困難で、ましてや砲の追尾がおくれ、弾丸がどこを飛んでいるのか分からない九四式高射装置でVT信管を使って射撃したところで、まったく意味がない。

したがって、もし、日本海軍にVT信管があったとしても、何の役にも立たなかったというのが真実である。

（4）「秋月」型防空駆逐艦は優秀な防空艦だったのだろうか

日本海軍について考えるとき、いまでも不思議に思うのは、あれほど対水上射撃の向上に血《ち》道《みち》をあげていたのに反し、おなじ射撃でも対空射撃をまったくおろそかにしていたことである。

先にも述べたが、日本海軍の駆逐艦の主砲である一二・七センチ連装砲は対水上専門で、まったく対空射撃ができなかった。

その要因は、まず高射装置をもたないこと、そして砲を一定の仰角にしなければ、弾丸の装填ができなかったことがあげられる。

このようなことから、日本海軍は急遽、機動部隊の直衛艦として「秋月」型防空駆逐艦（正式には乙《おつ》型駆逐艦）を建造した。

戦記物作家や旧海軍の技術者たちが手放しで賞賛するこの艦は、そんなに優秀な艦だったのだろうか。

この秋月型は、基準排水量二七〇〇トン、速力三十ノット、新式の長砲身一〇センチ連装高角砲四基、計八門を、前述の九四式高射装置二基（のち後部装備分は撤去）でコントロールするバランスのとれた艦で、計十三隻が完成している。

日本海軍としては画期的な艦といえるが、射撃用レーダーを持たず、また高角砲のコントロールは自動操縦ではなかった。

Ｍｋ37ＧＦＣＳ（射撃指揮装置）でコントロールされる五インチ単装両用砲五門、Ｍｋ51ＧＦＣＳによる四〇ミリ連装機銃四基八門、ジャイロ利用の照準器つきの二〇ミリ機銃多数を持つアメリカ海軍の標準型駆逐艦「フレッチャー」型にくらべると、防空能力では二世代遅れた「ようやく対空射撃ができる」駆逐艦ができたくらいの代物《しろもの》であったといえよう。

（5）空の王者「零戦」とサッチ戦法による高速重武装F6Fの対決

零戦対策としてサッチ戦法を考案したジョン・サッチ少佐（右）

太平洋戦争の前半、零戦《れいせん》（通称ゼロ戦・零式艦上戦闘機）は空の王者だった。

軽快な機体による小まわりのきく操縦性能、長大な航続力、当時の戦闘機としての高速、航空史上はじめての二〇ミリ機銃二門（その他に七・七ミリ機銃二梃）を装備。そのうえパイロットは職人芸の名人、達人たちである。

アメリカ海軍の主力戦闘機グラマンF4F「ワイルドキャット」はもちろん、陸軍のベルP－39「エアラコブラ」、カーチスP－40「ウォーホーク」も、まったく歯が立たなかったのである。

そのような状況においてアメリカ海軍は、F4Fの馬力アップによる性能向上をはかるとともに、グラマン社にたいして零戦に対抗しうる新戦闘機の開発を命じた。

そうしたころの昭和十七年（一九四二）六月、アリューシャン攻略作戦に従事していた空母「龍驤《りゅうじょう》」の零戦二一型が同列島のアクタン島に不時着し、ほぼ無傷《むきず》のまま米軍の手に落ちた。

さっそくアメリカ海軍は、この捕獲した零戦を徹底調査したうえ、性能アップしたF４Fとの間で空戦テストを繰り返した。

それにより零戦の長所、弱点を把握し、対零戦の戦法を確立した。

その戦法は、このテストを主導したサッチ少佐（のち中将）の名にちなんで「サッチ戦法」と呼ばれた。

これは二機のF４Fがペアになり、零戦の上空に陣取る。一機が僚機の援護のもとに、零戦めがけて急降下し、機銃掃射をあびせて離脱する。

いうなれば、電光石火の「ヒット・エンド・ラン」戦法であった。

零戦はこのサッチ戦法の前に、その得意技である格闘戦（ドッグファイト）を完全に封じられた。

これと軌を一《いつ》にするように、新鋭F６F「ヘルキャット」が登場したのである。

同機は、零戦の二倍の二千馬力の強力なエンジンにより、時速六一〇キロの高速を出す。

このスピードは零戦の最新五二型より五〇キロ速い。

加えて、高性能のブローニング一二・七ミリ機銃六梃、強力な防弾装甲板、そしてズングリムックリの武骨なシルエット、敏捷性を武器とする軽戦闘機の零戦とは正反対の、典型的な重戦闘機である。

この「零戦キラー」として登場したF6Fによるサッチ戦法、加えて日本側のベテランパイロットの消耗により、零戦は空の王者の地位を急速にすべり落ちてゆく。

しかし、零戦にかわるべき新艦上戦闘機「烈風」の開発は遅れに遅れ、零戦は老骨にむち打って、ヘルキャットやF4U「コルセア」、陸軍のP-51「ムスタング」などを相手に、終戦まで戦いつづけたのであった。

第四部

ムダの標本―陸海軍の競合

飛行甲板に三式連絡機を搭載した陸軍の空母「秋津丸」

第一章　おなじ国の軍隊でもお互いに関係ない

（1）中央協定ができると実行にあたる部隊で現地協定を取り交わす

かつてのわが国では、明治憲法の規定により国政と軍隊の統帥《とうすい》がそれぞれ独立しており、その統帥も陸軍と海軍でまったく独立していた。

明治三十六年（一九〇三）までは、陸主海従の統合型だった日本の統帥システムは、執念ともいうべき海軍の策動により、同年の「戦時大本営条例」の改正により、大元帥である天皇の幕僚長として陸軍は参謀総長、海軍は海軍軍令部長（のち軍令部総長）がそれぞれ独立して直隷するかたちとなった。

この統帥システムでは、陸海軍両者を調整できるのは天皇個人だけということになり、実質的には両者を統合あるいは調整する者はなく、以後、日本の陸海軍はおなじ国の軍隊とはいえ、まったくお互いに関係ない別物になってしまった。

このシステムは、太平洋戦争遂行に甚大な支障を生じた。

連合国側は、太平洋においてはアメリカ主体の完全に統一された連合軍であり、軍種的にも陸、海、空軍、そして海兵隊の四軍種が完全に統合された統合軍であったのとは、えらい違いであった。

御前会議。左側に海軍首脳が、右側に陸軍首脳が居並んでいる

それでは、日本側の統帥システムでは、どのように具合が悪かったのだろうか。

たとえば、陸海軍がある共通の目的をもった作戦を実行することとなった。

大本営陸軍部（参謀本部）と海軍部（軍令部）が、それぞれ別個に基本とする命令を起案し、参謀総長と軍令部総長がそれぞれこの案を奏上、裁下を受ける。

こうして決裁された命令（奉勅命令という）、すなわち陸軍は大陸命《だいりくめい》（大本営陸軍部命令）、海軍は大海令《だいかいれい》（大本営海軍部命令）を、作戦を担当、実行する部隊に発出する。

この大陸命や大海令は作戦の大綱だけを述べ、細部は参謀総長、軍令部総長から出される大陸指《だいりくし》（大本営陸軍部指示）、大海指《だいかいし》（大本営海軍部指示）で示される。

さて、問題はこれからである。

統合されていない日本の陸軍と海軍両者間の指揮関係は「協同」である。そこで陸軍部と海軍部の間で、共通の目的達成に向けていかにスムーズに協同作戦を行なうかという実施要領を定める「中央協定」を結ぶことになる。

おなじ大本営といっても陸軍部は三宅坂（のち市ヶ谷台）、海軍部は霞ヶ関と離れており、双方の幕僚はこの間を走りまわることになる。

こうして「中央協定」が締結されると、こんどは直接作戦の実行にあたる現地の陸海軍部隊の間で「現地協定」を取り交わすことになる。

この現地協定が締結できたところで、はじめて両者は作戦命令を発出、いよいよ作戦の実行にかかるというまわりくどさであった。

（2）煩雑な手続きに時間を空費し戦機に投じた作戦ができなかった

こうして作戦を開始しても、必ず状況の変化があり、その場合、現地協定、ものによっては中央協定を変更、再締結しなければならない。

たとえば昭和十七年（一九四二）八月にはじまったソロモン諸島の争奪戦では、海軍・南東方面艦隊と陸軍・第十七軍の協同作戦であった。

当時の第十七軍参謀長で、陸軍最後の作戦部長であった宮崎周一中将（当時少将）は、その一年半にわたる作戦期間でじつに六回の現地協定の改定がおこなわれ、そのつど煩雑《はんざつ》な手続きに時間を空費し、戦機に投じた作戦ができなかったと、戦後述懐している。

各国の軍隊が定めている「戦いの原則」のなかに、かならず「簡明の原則」（The principle of Simplicity）がある。

戦場においては、了期せぬ事態の発生により錯誤と混乱の連続となるのが普通である。したがって、諸手続きを極力簡略化し、巧緻《こうち》煩雑を避け、シンプル・イズ・ザ・ベストでいくのが一番なのである。

その観点から見ても、大きく外《はず》れている日本の統帥システムだった。

第二章　艦隊決戦あるのみで輸送船の保護など論外

(1)　海上交通の確保は島国のライフライン

日本のような島国は、有事、継戦能力の確保、国家の運営、そして国民生活の維持のために必要な物資を輸入するため、海上交通の確保はなによりも重要な手段である。

第二次世界大戦において、その危機にさらされたのがイギリスと日本であったが、その対応、そしてその結果は百八十度ちがっていた。

イギリスは第一次世界大戦において、ドイツのUボート（潜水艦）にその海上交通路を徹底的にしめ上げられ、国家破綻の一歩手前までいった苦い教訓を忘れなかった。

一方、日本は第一次世界大戦において同盟国イギリスの窮状を救うため、有力な対潜部隊を派遣した経験をもち、また第二次世界大戦において、壮大な海上交通保護作戦「大西洋の戦い」(Battle of Atlantic) が行なわれていることを知りながら、最後までそれに意を用いようとはしなかった。

その結果、アメリカの徹底した対日海上交通破壊作戦にまったく対抗できなかった。開戦時、世界第三位の商船隊をもっていた日本は、太平洋戦争三年八ヵ月の戦いで二五六八隻、約八四三万トンの船舶を失い、継戦能力はおろか、末端の国民生活まで破壊されてしまった。

さて、戦時海上交通の確保は、効率的な船舶の運航統制とその安全確保の二本柱からなる。これは軍事用語で「船舶運航軍事統制及び防護」(Naval Control and Protect of Shipping)といい、いずれも海軍に不可欠な機能であり、任務である。

したがって、いずれの国でも、戦時、商船の運航統制および保護は一元的に海軍が行なうことになっている。

船舶の出入港する主要港には、海軍士官の「船舶運航統制官」が置かれ、船団の編成、物資の搭載、航路の指定、出入港のコントロールなどを行なう。

こうして準備された船団にたいし、艦隊司令部は直接・間接護衛、支援作戦、哨戒、緊急時の航路変更、救難、出入港湾での対機雷戦など手段を尽くしてこれを保護し、無事に目的地に到着するようつとめるのである。

ちなみに、この海上交通の保護についてよく理解したい方には、ニコラス・モンサラット／吉田健一訳の名著『非情の海』(The Cruel Sea／フジ出版社・昭和四十二年)の一読をおすすめする。

(2) 五十万人を擁し陸軍が船舶運航軍事統制を完全に遂行していた

さて、日本においては、太平洋戦争の全期間を通じて、満足な海上交通の保護についての施策はとられなかった。

その理由《わけ》は結論的にいって、日本海海戦の大勝利に呪縛され、以来「艦隊決戦」を唯一の兵術思想として信奉する日本海軍には、輸送船の保護など論外で、それに取り組む考えなどはさらさらなかったのである。

開戦時における日本の船舶量は二五二八隻、貨物船五七九万トン、油槽船《タンカー》五五万トン、計六三四万トン、すべて国家統制下におかれた。

これら船舶はA・陸軍徴用、B・海軍徴用、そしてC・民需用の三者に大別され、開戦時の割当はA船二一〇万トン、B船一八〇万トン、C船二四四万トンであった。

驚くべきことに、これら三つに大別された船舶は、それぞれ独自に運航され、相互の連係はまったくなかった。

すなわち、陸軍徴用のA船は広島県宇品港を本拠とする船舶司令部が、海軍徴用のB船は特設艦船として海軍籍となりその配属部隊が、そして民需用C船は船舶運営会がまったく別個に運営していた。

このなかで特筆されるのは、陸軍の船舶関係部隊である。

宇品の船舶司令部を頂点に五十万名の人員を擁し、占領地はおろか現に戦闘が行なわれている最前線まで、全戦域にわたってネットワークを持ち、先に述べた船舶運航軍事統制業務を完全に遂行していた。

たとえば、あの死闘のつづいたニューギニア東部には、じつに一万四千名の船舶関係部隊が進出していた。

海上交通保護にまったく関心のない海軍の遠く及ぶところではなかった。

（3）海軍には船団護衛をふくむ対潜、対空戦術のノウハウは皆無だった

つぎは船舶の保護、なかでも最も重要な護衛の問題である。

本来なら船舶の安全な運航に全責任をもつべき海軍に、その観念がまったくないため、その保護は、先に述べた徴用船を管理、運航する三者にまかされていた。

その実態は次のとおりであった。

▽徴用船A（陸軍）
陸軍は所管のA船の保護について、それなりの意を用い、高射砲、高射機関砲などの対空火器、野砲改造の対潜砲の装備、爆雷の搭載、そしてこれを操作する船舶砲兵を配置していた。

船上で対空戦闘に備える陸軍船舶兵

また、独自に船舶搭載用の電波警戒機乙《おつ》（捜索用レーダー）を開発、装備しはじめたが、故障続出のため最終的には断念している。

驚くべきことに陸軍は、この船舶の護衛のために結構有用な護衛空母をもったが、その詳細については次章にゆずる。

▽徴用船B（海軍）

海軍徴用のB船については、その大部分が特設艦船として海軍籍に編入され、相応の武装をほどこして海軍艦船として運用されたので、特に問題はなかった。

▽徴用船C（民需）

保護についてはまったく考慮されず、いわゆる丸裸で運航された。

しかし、昭和十七年（一九四二）四月、あまりの無防備な船舶の運航体制に大きな危惧を持った陸軍の強い申し入れにより、海軍は連合艦隊のなかに第一、第二護衛隊を編成したが、実質的には有名無実のものであった。

昭和十七年後半から、連合軍は南太平洋方面で本格的対日反攻作戦をはじめ、同時に対日戦略の柱の一つである海上交通路の破壊に本腰を入れはじめた。
やがて、日本から南太平洋に軍隊、軍需品を送る陸軍の輸送船、東南アジアの占領地から石油をはじめとする戦略物資を日本本土に送る民需用輸送船に、甚大な損害が出はじめた。

この事態にさすがの海軍もようやく重い腰を上げ、昭和十七年十一月、連合艦隊とは別個に海上護衛総司令部を設け、船舶の保護に専念させることになった。

また明くる昭和十八年四月には、船舶の保護には一貫して護衛することが定められ、以降、主力部隊の南太平洋への輸送、重要物資の内地への還流は所用の船団を編成し、直接護衛することになった。

しかしこの期《ご》におよんでも、海軍が全船舶の運航統制を一元的に掌握するという考えはなく、陸軍船舶司令部、船舶運営会の運航する船団を海軍の護衛部隊が護衛するという形態だった。

しかし、船団護衛をふくむ対潜、対空戦術のノウハウは皆無。また護衛空母、駆逐艦、海防艦などの能力不足により、その実を上げることができなかった。

その結果、開戦時二五二八隻（一〇〇総トン以上）、六三四万トン、戦時建造一三四〇隻、三三八万トン、喪失二五六八隻、八四三万トン。これが日本の海上交通保護の戦いの結末だった。

第三章　陸軍が空母を持っていた

（1）早くから陸軍はＬＳＤタイプの揚陸強襲艦を建造した

いままで縷々《るる》述べてきたように、艦隊決戦一本槍の兵術を信奉する日本海軍は、海上交通の保護や水陸両用戦を一切かえりみなかった。

そこで陸軍は、その運航する膨大《ぼうだい》な量の船舶を武装したり、自前で水陸両用戦をおこなうための兵力を整備するようになった。

昭和七年（一九三二）末、陸軍は極秘裡に揚陸強襲艦ともいうべき特殊船「神州丸」を完成させた。同船は基準排水量七一〇〇トン、速力十九ノット、歩兵二二〇〇名、八九式中戦車十六両を乗船、搭載できた。

そして敵地の海岸に近づくや船尾扉をひらき、搭載している上陸用舟艇の大発二十六隻、中発十隻、小発二十隻を発進させ、先の兵力を敵前上陸させることができた。

特筆すべきは、神州丸は上陸作戦援護のための九一式戦闘機と九七式軽爆撃機を各六機、

揚陸作業中の陸軍特殊船「神州丸」。艦の前後や艦上に上陸用舟艇が見える

計十二機を搭載、カタパルト二基により射出、運用できた。

太平洋戦争の後半になってアメリカ海軍が活用したドック型強襲艦（LSD = Landing Ship Dock）を、このときすでに持っていたとは、すごい陸軍の創造力だと思う。

また太平洋戦争の直前から、陸軍は政府の「優秀船助成施設」を使って十隻の揚陸強襲艦を建造した。

いずれも基準排水量一万トン弱の高速船で、船尾の扉をひらいて大型上陸用舟艇（大発）を発進させるＬＳＤタイプのものであった。

とりわけすごいのは、このうち四隻は飛行甲板を持ち、護衛空母の機能を持っていたことである。

その代表的な一艦の「秋津丸」は、総トン数九一九〇トン、全長一二五メートル、速力二十一ノット、七五ミリ高射砲三、二〇ミリ高射機関砲十、水中探信儀、水中聴音機、対潜迫撃砲、爆雷投下装置を持ち、そして三式連絡機七〜八機あるいはオートジャイロ・カ号観測機約三十機、また大発三十から六十隻を搭載、運用できる優れものであった。

秋津丸は戦争前半には高速輸送船として太平洋を駆けめぐり、

後半は、前述の三式連絡機やカ号観測機による対潜哨戒を兼務する護衛空母として活躍した。陸軍での正式呼称は、「特殊船丙《へい》」である。

その秋津丸にも最後のときがきた。

昭和十九年（一九四四）十一月十四日の早朝、秋津丸はフィリピン救援の重要船団「ヒ八一」の一船として佐賀県伊万里港を出港した。

このときの秋津丸は対潜哨戒機をおろし、高速輸送船として第二十三師団歩兵第六十四連隊（熊本）、海上挺進隊、海上特攻艇十隻、その他軍馬、兵器などを満載してマニラに向かった。

しかし明くる十五日の正午、アメリカ潜水艦「クインフィッシュ」の魚雷攻撃をうけ、五島列島沖で沈没してしまった。

戦死者は連隊長中井《なかい》春一大佐以下の乗船部隊員二〇九三名、船舶砲兵一四〇名、船員六十七名、計二三〇〇名であった。

（2）海上機動旅団は陸軍の本格的な水陸両用戦部隊だった

さて、陸軍が護衛空母を持つなど、世界の軍事史上の一大珍事であるが、それにも増してすごいのが、本格的な水陸両用戦部隊を持ったことである。

海軍が水陸両用戦についての関心がなく、戦争後期、アメリカ水陸両用戦部隊の跳梁をなすがままにさせているのを見て陸軍は、自前で本格的な水陸両用戦部隊の編成にかかったのである。

この部隊は、海上機動兵団（のち第百三十五師団）と呼ばれ、二個海上機動旅団からなっていた。

陸軍特殊船丙「秋津丸」に搭載されていたカ号観測機

昭和十八年十一月に制定された海上機動旅団の編成は、定員約五五〇〇名、機動連隊（上陸用歩兵四個大隊）を主兵力に、戦車隊、砲兵隊、輸送隊、工兵隊が付属する各種兵種結合のコンパクトな機動打撃部隊である。

そして、この部隊を輸送するのが、陸軍オリジナルの日本版戦車揚陸艦（LST）「SS艇」十五隻である。

このSS艇の量産「蟠龍《ばんりゅう》」型は、総トン数約九五〇トン、最大速力十四ノット、九七式中戦車四両、トラック一両、各種兵員一七〇名を搭載収容できた。

この海上機動旅団をもって、アメリカ軍が攻略、占領している要地などに、強襲的逆上陸をかけ奪回しようとするのが目的だった。

昭和十九年一月、ギルバート諸島はすでに陥落、連合軍の鉾先はマーシャル諸島にせまりつつあった。

陸軍は中部太平洋の防衛強化のため、南洋第一〜第三支隊、海上機動第一旅団をマーシャル諸島に緊急派遣した。

海上機動第一旅団は、その第三大隊約一二〇〇名をマーシャル諸島防衛の中枢であるクェゼリン島に、旅団長西田《にしだ》祥実《よしざね》少将が直率する主力三五〇〇名は、同諸島の西端、エニウェトック環礁に配置された。

しかし、中部太平洋を西に向かって驀進《ばくしん》するアメリカ第五艦隊の前に、クェゼリンは二月五日、二月二十三日にはエニウェトックが陥落、日本初の水陸両用戦部隊・海上機動第一旅団は、共に戦った海軍第六根拠地隊とともに玉砕してしまった。

これを、桁違いの水陸両用戦戦力をもつアメリカ第五水陸両用戦部隊にたいして所詮《しょせん》は「蟷螂《とうろう》の斧《おの》」と冷笑するか、水陸両用戦をまったく無視した海軍にたいするささやかな面当《つらあて》であったとするかは、識者の採るところであろう。

第四章　まったく没交渉の航空部隊

(1) スロットル・レバーは零戦は手前に引き隼は前方に押す

私が防衛大学校を卒業し、広島県江田島にある海上自衛隊幹部候補生学校に入校した際、教官の一人に予科練出身の猛者《もさ》がおり、折りにふれては面白い体験談を話してくれた。

その一つに、陸軍の一式戦闘機「隼《はやぶさ》」を操縦した話があった。

終戦時、朝鮮にいた彼は、航空機を操縦して帰国しようとしたが、あいにく零戦はない。そこで彼は、たまたま基地に放置されていた隼に乗って帰ることにしたが、あまりの零戦との違いに驚いた。

その典型的なものとして増速時のスロットル・レバーの操作は、零戦は手前に引くのに、隼は前方に押さなければならなかったという。

当時、私たちは「ヘェー」といいながら聞いていたが、実はこのことが陸軍航空と海軍航空の乖離《かいり》を如実にあらわした一例なのである。

陸軍戦闘機「隼」。海軍機と通信もできず、互換性もなかった

陸軍航空の主任務は、地上部隊と密接に連係しながらそれを援護、支援する「直協型」空軍である。生地《せいち》（未整備の荒れ地）に近い前線基地から手軽に何回でも飛び立ち、地上部隊と協同する軽快な機体、運動能力を重視して航続力、遠距離航法能力などは二の次とされてきた。

一方、海軍航空は敵艦隊攻撃、味方艦隊の護衛を主任務とし、そのため強大な攻撃力、制空力、長大な航続力、洋上航法など高度な能力が求められていた。

このように陸海軍の航空は、その目的とするところがまったく異なり、加えて両者の対抗意識もあって、まったく交流することなくそれぞれ独自の発展をとげてきた。

航空機の設計生産はお互いにまったく関係なく、航空資材、生産工場、技術者、職工の奪い合いも激しかった。

おなじ工場で両者の航空機を生産する場合、両者の間は厳重に仕切られ、技術者や職工などの接触はたがいに厳重に禁止されていた。

とくに航空資材の獲得については、南太平洋方面で連合軍の陸軍、海軍、海兵隊の航空兵力を一手に引き受けて悪戦苦闘し、甚大な損害を出している海軍の強い割増配分要求と、あくまで折半を要求する陸軍との間で大もめにもめ、結局は政治的妥協により両者折半ということで落着している。

しかし海軍部内では、陸軍に屈して妥協したとして、最高責任者である海軍大臣嶋田《しまだ》繁太郎大将と軍令部総長永野《ながの》修身元帥は海軍部内上下の大きな批判をあび、その声望を大きく落とした。

陸軍にしてみれば、いまの南太平洋における海軍の苦境は、大本営の戦略守勢の方針に反し、勝手に、そして徒《いたず》らに戦線を拡大した自らのまいた種、自業自得だと思っているのだった。

(2) 同一方面で作戦しながら零戦と隼の間には通信の手段もなかった

その両者に初めて接点ができた。

海軍の強い要求に屈した陸軍は、その航空部隊を南東方面に派遣することになった。

その第一陣は一式戦闘機「隼」である。トラック島まで輸送船で送られた同機は、海軍の零戦の誘導援護のもと、洋上飛行してラバウルに到着した。

隼はその軽快な運動性、陸軍機にしては大きな航続力、軽快な運動力により活躍したが、やがて頑丈なB－25、B－17に対し、その一三ミリ機銃二梃では対抗できなくなった。

昭和十八年（一九四三）に入って陸軍は、未だ試作段階にあった三式戦闘機「飛燕《ひえん》」の南東方面への進出を命じた。

飛燕はドイツ空軍の名戦闘機メッサーシュミットBf109をモデルとし、そのエンジン、ダイムラーベンツDB601を国産化した日本初の液冷高速戦闘機だった。

しかも武装は、ドイツ直輸入の高性能マウザー二〇ミリ機関砲という大いに期待された戦闘機であった。

しかし、なにせ急なことなので、機体やエンジンの整備調整、二〇ミリ機関砲の装備、洋上航法、パイロットに対する機種転換の教育訓練――三式戦のパイロットは九七戦からの転換――がまったくできていない。

そこでこれらの属する飛行第六十八戦隊長下山《しもやま》登中佐が一ヵ月の準備期間を要請すると、航空本部から返ってきた答えは「軍人精神が足りない！」という叱責だった。

しかも陸軍の沽券《こけん》にかかわるので、今回の進出には海軍機の誘導援護はつけないということである。

その結果は悲惨だった。

四月下旬、トラック島からラバウルに向かった第一陣は、二十七機中の十一機が行方不明、第二陣も四十五機中の十二機を失うという大惨事になった。

少し余談めくが、三式戦飛燕《さんしきせん》はのちにマウザー二〇ミリ機関砲に換装するが、輸入した弾薬（四十万発）をまたたく間に撃ちつくし、またも一二ミリ機銃に換装している。当時の日本の工業技術では、マウザー機関砲はおろか、同砲用の弾薬さえも製造できなかったのである。ちなみに、同砲および弾薬はプレス技術をフルに活用、製造されていた。

やがて陸軍も、その航空兵力の南東方面への本格的派遣を決断、第四航空軍（二個飛行師団、約三百機）を派遣して、同方面の陸軍作戦を統括する第八方面軍の隷下に入れた。以後、南東方面の戦線では、ソロモン方面は海軍第十一航空艦隊が、ニューギニア方面は陸軍第四航空軍がそれぞれ主担当となり、数倍の連合軍航空兵力と死闘をくりひろげる。

この陸海両航空部隊は、同一方面で作戦しながらほとんど連絡や調整もなく、また同一任務で行動する零戦と隼の間には通信手段もまったくなかったのである。

（3）陸海軍の航空は出発点からすべての面で乖離した別もの

最後に結論めいた話になるが、昭和十七年十一月、ガダルカナル戦線を視察した大本営陸軍部／参謀本部作戦課長の服部卓四郎大佐は、同方面で陸軍航空の役に立たないことを身をもって痛感し、その報告書のなかで「零戦一個戦隊分（約四十機）の海軍からの譲渡」を強く意見具申している。

このことにも関連するが、筆者はかねてから、陸海軍がまったく同時期に一式戦・隼と、零式《れいしき》艦上戦闘機（零戦《れいせん》、通称ゼロ戦）という性能的に酷似した戦闘機を、なぜ別々につくったのかを疑問に思っていた。

この場合、航続力や速度、武装などでそれぞれ少しずつまさっている零戦に統一していたら、初期の航空戦はうまく進展し、先の服部大佐の提案も不要であった。

しかし、それができなかったのは縷々《るる》述べてきたように、陸海軍の航空は出発点からすべての面で乖離《かいり》した、まったくの別ものであったからだといえよう。

第五章　名称からして違うレーダー

（1）優秀なレーダーさえあれば日本は負けなかったのか

太平洋戦争において、連合国側と日本との間で格差の大きかったものの一つに、レーダーの性能がある。

優秀なレーダーさえあれば、日本は負けなかったとの極論さえあるほどである。

レーダー（RADAR）とは、RADIO DETECTING AND RANGING の略で、電波を発射して物体を探知し、その反射時間により距離を測定する装置である。

このレーダーの理論は、一九二六年、空間高く電波を反射する電離層が発見されたことにはじまる。

この電波の反射を捜索兵器に応用できないかと考えたのが、レーダー開発のパイオニアとなるイギリスとドイツであった。

第二次世界大戦の開戦直後、通商破壊に出撃したドイツ戦艦「ビスマルク」の撃沈は、まさにレーダーによる電波合戦であった。

また、ヒトラーのイギリス本土侵攻を断念させたのも、レーダーと戦闘機を密接に連係させた一大防空作戦「バトル・オブ・ブリテン」だった。

このようなヨーロッパの情勢に刺激され、日本においても本格的なレーダーの研究開発がはじまるが、陸軍と海軍の間にはまったく関連がなく、それぞれ独自に進められた。

第一、両者のレーダーに対する呼び方さえ、次のようにまったく異なっていたのである。


〈陸軍〉
▽総称「電波探知機」
・電波警戒機……いわゆるレーダー
・電波標定機……射撃管制用レーダー
▽用途別呼称
・要地用警戒機乙《おつ》……要地の広域対空警戒監視
・野戦用警戒機乙……戦場における局地対空警戒監視
・船舶用警戒機乙……陸軍徴用船舶の対空・対潜警戒監視

〈海軍〉
▽電波探信儀、電波探知機

・電波探信儀……「電探」いわゆるレーダー
・電波探知機……「逆探」相手のレーダー波をとらえる

▽用途別
・一号電波探信儀……陸上装備型対空警戒監視
・二号電波探信儀……艦船装備型対空警戒監視
・三号電波探信儀……艦船装備対水上射撃管制
・四号電波探信儀……陸上装備型対空射撃管制

なお、よく戦記物に出てくる二二号電探は、二号二型電波探信儀の略である。

（2）陸軍のレーダーには一貫して超短波が使用された

日本の本土防空に責任をもつ陸軍は、スンナリとレーダーの研究開発にかかった。

まず実用化したのは、電波の干渉を利用した電波警戒機甲《こう》であった。

これは発射した電波を物体がよぎる場合、そのとき起こる電波の干渉を利用したレーダーで、早期警戒用として要地に設置された。

しかし、この警戒機甲《こう》では敵機の侵入はわかるが、その位置や対象、移動方向などはわからない。

そこで、いわゆるレーダー、電波警戒機乙《おつ》の開発にかかった。

陸軍のえらいところは、使用電波に安定度の高い超短波（ＶＨＦ・周波数三〇〜三〇〇ＭＨｚ、波長一〇〜一メートル）を一貫して使用したことである。

電波は、その周波数が大きく（波長小）なるほど、距離や方位測定の精度（分解能）が増すが、そのぶん安定度が悪くなるという性格がある。

まず昭和十七年、要地用電波警戒機乙《おつ》を完成、その第一号機を千葉県銚子に設置した。この警戒機乙《おつ》は、本土の要所とか陸軍の占領地に設置されたが、いまでいうなら航空自衛隊のレーダーサイトである。

ついで陸軍は、戦場における局地防空用レーダーの開発に着手し、昭和十九年初頭にはトラック一台に搭載できる移動警戒機乙《おつ》を完成、戦場に配備している。

この警戒機は航空機の最大探知距離三〇〇キロという優れものであった。

また膨大な船舶を運用する陸軍は、アメリカ潜水艦による被害の増大に対処するため、船舶搭載用警戒機を完成させたが、故障の続出により実用をあきらめている。

さらに陸軍は、射撃管制用レーダー「電波標定機」の開発にも力を入れた。

本土防空担当として、その高射砲部隊において高射砲と連動させ、命中率を向上させようというものだった。

この開発には、潜水艦によってドイツからもたらされた高性能のウルツブルグ対空射撃管制レーダーを手本に、また南方戦線で米英から鹵獲《ろかく》した射撃管制レーダーを参考にしている。

本来ならば距離や方位の精度を向上させるため、マイクロ波（UHF、センチ波）を使うのがオーソドックスなやり方だが、陸軍は安定度を重視してあえてVHFを採用した。

この電波標定機の開発は、陸軍独自のものと、ウルツブルグレーダーのコピー生産の二本立てではじめられたが、日本電気製の三型、東芝製の四型がまずまずの出来となり、東京都周辺に配置された高射砲部隊に配備された。

一方、ウルツブルグレーダーのコピーは、あまりにもその精巧さゆえに大変難渋し、一応完成したものの調整中のまま終戦を迎えたとの説。

いや、一応実用に供せられるようになり、昭和二十年八月五日、久我山に配置された五式一五センチ高射砲がB－29二機を撃墜したのは、このウルツブルグレーダーとの組み合わせだったとの説もある。

（3）海軍のレーダーは必ずしも所望の成果をあげたとは言いがたい

海軍のレーダー開発は、陸軍にくらべて不運だった。

有名な「闇夜《やみよ》に提灯《ちょうちん》事件」というのがある。

一九三六年（昭和十一）、海軍技術研究所電気研究部の谷恵吉郎造兵《ぞうへい》大佐は、電波による捜索兵器開発を提言したところ、上司向山《むこうやま》造兵少将から、

「敵前で電波を発射して捜索するのは、闇夜に提灯で物を探すようなもの、先に敵に逆探知

空母「瑞鶴」の艦橋トップに餅焼き網状の二一号電探が見える

される。敵前で電波を発射するなど、帝国海軍の伝統、奇襲攻撃には不適である」（「間に合わなかった兵器」徳田八郎衛）と一蹴されてしまったのである。

このレーダー開発が海軍で復活するのは、一九三七年の夜間演習中、艦隊衝突事故を起こして沈没艦を出したことによる「夜間衝突防止装置」の開発からである。

また、ヨーロッパにおけるドイツとイギリスのレーダーを全幅活用した海戦等に関する情報も、開発促進に大いに役立っている。

海軍は開戦直前に、対空早期警戒監視用のレーダーである一号一型電波探信儀（通称一一号電探）を完成、その一号機を千葉県勝浦に設置し、以後、量産にうつって占領地などの前線に配置していった。

しかし考えみれば、その用途や性能などは先に紹介した陸軍の要地警戒機乙《おつ》とほぼ同等であり、まったくムダなことである。

ともあれ、海軍のレーダー開発の本命は、艦船搭載用の警戒監視電探である。

結論的にいって海軍は、終戦までに対空用の二一号、一三号電探を、そして対水上用二二号電探を開発、実用化している。

ちなみに、大型艦のメインマスト上や測距儀の上に乗っている餅焼き網のような格子状のアンテナが二一号電探、ラッパ状のアンテナが二個ななめ上下にならぶのが二二号電探である。

そして駆逐艦の後部マストに縦型に八木アンテナを並べたのが、陸上型から派生した一三号電探である。

海軍はミッドウェー海戦の際、戦艦「伊勢」に一・五メートル波の二一号電探を、戦艦「日向」に一〇センチ波（マイクロ波）の二二号電探を試験的に装備して実験をこころみた。

結果は二一号は航空機を探知できて合格。二二号は水上艦艇は探知できたが、航空機を探知できなかったので不合格となっている。

広範囲の対空捜索にはＶＨＦを、短距離ながら精密さを要求される対水上捜索にはＵＨＦ（マイクロ波）を使うという常識がなかったのである。

以後、二一号電探は戦艦や空母、巡洋艦など大型艦の対空捜索用レーダーとして装備される。

一方、海軍の技術陣が最も力を入れていたのが磁電管（マグネトロン）を利用したマイクロ波レーダー二二号電探だった。本来は対空用だったが、これを対水上用に転用しようとしたのである。

しかし、波長が短いための不安定さが大きく、これを克服して実用化されたのは、昭和十

伊400潜艦橋のラッパ状の二二号電探。手前に一三号電探、右前方の台上に逆探

九年（一九四四）に入ってからであった。最後の一三号電探は、航空機の存在は早期に探知できるが、方位も距離もわからないという代物《しろもの》であった。

以後海軍では、大型艦には二一号、二二号、一三号電探が、駆逐艦や海防艦には二二号、一三号電探が標準装備として設置されるようになったが、品質管理の弱さ、整備技術力の低さにより、必ずしも所望の成果をあげたとは言いがたい。

事実、昭和十九年十一月、大和型の三番艦で空母に改装された「信濃《しなの》」の横須賀から呉への回航に際し、「雪風」はじめ三隻の駆逐艦に護衛されながらも、アメリカ潜水艦「アーチャーフィッシュ」の攻撃をうけ「信濃」は沈没している。

このとき「アーチャーフィッシュ」は浮上してSJレーダーを連続使用しながら、十二時間にわたって「信濃」を追跡、近接しているが、対水上用二二号電探、超短波逆探E27、マイクロ波逆探を装備しているはずの日本側は、米潜水艦が一三〇〇メートルの射点につくのをまったく気づかなかった。

射撃管制レーダーについては、対水上射撃用は二二号電探を改造することにより、なんらかの成果はあったが、たとえばアメリカ海軍のMk《マーク》37射撃指揮装置のように、レーダーによる自動追尾、高度の計算、その計出した発砲諸元による砲の自動操縦というシステムには、はるかに及ばなかった。

まあ測距装置のレベルであった。

対空射撃管制レーダーについては、艦載型は早々にあきらめ、陸上用に終始した。

それは二二号電探の応用であるが、指揮官用、射手（俯仰手）用、旋回手用、そして測距用と四つのラッパ型アンテナをもつ大仰《おおぎよう》なものであった。

アメリカの射撃管制用レーダーが、一つのアンテナで旋回、俯仰、測距の三つの機能をこなしていたのとは大違いだった。

（4）なぜ共同開発ができなかったのか

私が海上自衛隊に入隊して最初に乗り組んだのが、アメリカからの貸与艦でパトロール・フリゲート、通称フリゲート艦「きり」だった。

職務は航海士兼務の通信士。レーダーや通信機など電波兵器の保守整備、運用を直接監督する立場である。

「きり」に装備されていた対水上レーダーは、AN／SPS－5B、きわめて使い勝手のよい優れものだった。

ここで問題なのは冒頭の記号「AN」である。このANはレーダーのみならず、通信機はじめ多くの装備品に付されていた。

じつはこのANという記号は、アメリカ陸海軍の共通規格を表わしていたのである。すなわちアメリカでは、多くの装備品を共同開発、生産して使用していたのである。ひるがえって日本では、なぜレーダーのみならず装備品の共同開発ができなかったのだろうか。

本章で縷々《るる》述べてきた日本のレーダー、陸軍の電波警戒機、海軍の電波探信儀にしろ、その目的や開発努力、性能など大同小異であったのに。なにしろ日本の陸海軍は、基本的にはまったく関連のない、いわば同業他社といった関係にあった。

生まれも育ちも違い、また憲法上、両者はまったく別個独立した組織とされ、そして運用されてきた。すなわち伝統も文化もまったく違うのである。

そのうえ永年の感情的対立もある。装備品の技術開発にとっても、研究組織、その使用目的、基礎研究、人脈の違い、官僚機構独特の保守性、自己保存、研究開発当事者の技術者特有の偏見や排他もある。これでは、まったくムダなことながら、どうすることも出来なかったと言えよう。

第六章　すべてが違う機関銃の口径

(1) 小銃については三八式をそのまま使っていたので問題はない

私が防衛大学校に在学中のころ、自衛隊の使用する小銃はアメリカ軍貸与のM1ガーランド半自動小銃と、一部、旧陸軍の九九式《きゅうきゅうしき》小銃を使用していた。

前者の口径は、いわゆる三〇口径（一〇〇分の三〇インチ）で七・六二ミリ、「30—06」という制式弾を使用する。

後者は、三八式《さんぱちしき》歩兵銃の改良型で口径七・七ミリである。

M1の30—06弾（七・六二ミリ弾）は、銃弾そのものは九九式に適合するが、薬莢《やっきょう》がその薬室より少し大きく、そこでその薬室を削って大きくして30—06弾を使用していた。

このように銃器の弾薬は、国や制式によって多くの変化があり、単に同じ口径というだけではなかなか適合しないことが多い。

ともあれ、小銃や軽機銃の口径は戦前、そして戦後しばらくの間七・七ミリ（口径三〇）

前後が多く、以後五・五六ミリが世界の主流となっている。

戦前を見てみると、アメリカは口径三〇（七・六二ミリ）、イギリスは七・六二ミリ、ドイツ七・九二ミリ、フランス七・五ミリ、ソ連七・六二ミリ、そして日本の六・五ミリ（一部七・七ミリ）となる。

戦後、西側は小銃や機関銃の口径を、NATO弾といわれる七・六二ミリに統一した。わが国の自衛隊も、新しく六四式小銃の導入にともないこのNATO弾に切り換え、現在では五・五六ミリ弾使用の八九式小銃に切り換えつつある。

それでは、かつての日本陸海軍の間においては、小銃など小火器の形式、弾薬の整合性はあったのだろうか。

小銃については、海軍は陸軍の三八式歩兵銃（口径六・五ミリ）をそのまま使っていたので問題はない。

（2）機関銃も形式や弾薬の互換性はまったくない

機関銃について陸軍は、最初六・五ミリ弾使用の十一年式軽機関銃をつかっていたが、小銃の装弾子をそのまま使う給弾機構が複雑で故障が多発したため、昭和十一年（皇紀二五九六年）箱型弾倉を使用した九六式軽機関銃を採用した。

この九六式軽機は、日中戦争で中国軍が大量使用した高性能、無故障のチェッコ機銃、Z

B二六、三〇（七・九二ミリ）のコピーである。

日本軍の将兵は、この無故障機銃にすっかりほれ込み、鹵獲《ろかく》するや九六式を放り出してこれを使ったと伝えられている。

しかし、この九六式も六・五ミリの弾丸威力の不足が指摘され、やがて七・七ミリ弾使用の九九式軽機関銃を制定した。

中国戦線における日本軍は、じつに三種類の弾薬をつかう機関銃を使用していたのである。

一方の海軍は、アメリカのルイス機関銃を使用した。このルイス機銃は、ヘミングウェイ原作のかつての名画「誰《た》がために鐘は鳴る」の主演ゲーリー・クーパー扮する主人公が使う、銃身に太い放熱筒がつき、機関部の上に円盤状の弾倉が乗った機関銃である。

このルイス機銃の使い勝手のよさにほれこんだ海軍は、横須賀海軍工廠においてこれのコピーを生産、陸戦隊の主要装備、航空機の旋回機銃にあてたのである。

口径は、アメリカ軍制式の30―06弾（七・六二ミリ）。したがって陸軍の七・七ミリ弾との関係は、先に述べたM1小銃と九九式小銃との関係とおなじで、互換性はまったくない。

なべて小銃弾の形式はまったく微妙で、のちにNATO弾となるイギリス軍の七・六二ミリ弾（303弾）は、同じ七・六二ミリでも、アメリカ軍の30―06弾とはまったく違うのである。

つぎは短機関銃（サブマシンガン、SMG）であるが、海軍は開戦前から落下傘部隊や特殊部隊用として、スイス（ドイツ）ベルグマン社の短機銃・MP18を採用、「ベルグマン短機銃」として使用していた。

使用弾薬は、拳銃弾として世界で最もポピュラーな九ミリ（三八口径）弾である。

一方の陸軍は、広い大陸で敵と距離をおいて対峙することが基本であることから、この短機銃には関心をしめさなかった。

しかし、いちおう研究試作には着手し、昭和十五年に一〇〇式機関短銃として制式化しているが、量産体制には移っていない。

口径は八ミリ、陸軍制式の十四年式、九四式拳銃用の南部八ミリ拳銃弾使用であった。

ところが、ニューギニアなど南太平洋のジャングルでの出会いがしらの戦闘できわめて有効なことに気づき、昭和十九年から量産にかかったが、南太平洋の戦闘もすでに終わり、その出番はなかった。

(3) 航空機用機銃もそれぞれ氏も素姓も異なるものだった

つぎは、航空機用大口径機関銃である。

まず、いわゆる一三ミリ機銃について。

陸海軍ともに、主として航空機装備用の一三ミリ機銃をもっていた。そういうと全く同じものと聞こえるが、その口径からしてまったく異なっていた。

海軍が艦艇の対空火器や零戦五二型が二〇ミリ機銃と併装している一三ミリ機銃は、アメリカのブローニング社の一二・七ミリ機銃の改造ながら、弾薬はフランス・ホッチキス社規格の一三・二ミリ。

陸軍が一三ミリ機銃と称し、一式戦闘機をはじめ航空機銃として使用したのは、ブローニングの口径五〇すなわち一二・七ミリなのである。

このように、同じ一三ミリ機銃と称していても、陸軍と海軍では口径そのものが違うのである。

アメリカ軍が陸軍、海軍、海兵隊、そして沿岸警備隊が小口径対空火器として、また航空機銃としてブローニング社の口径五〇（一二・七ミリ）機銃を統一使用したのとは、大きな違いである。

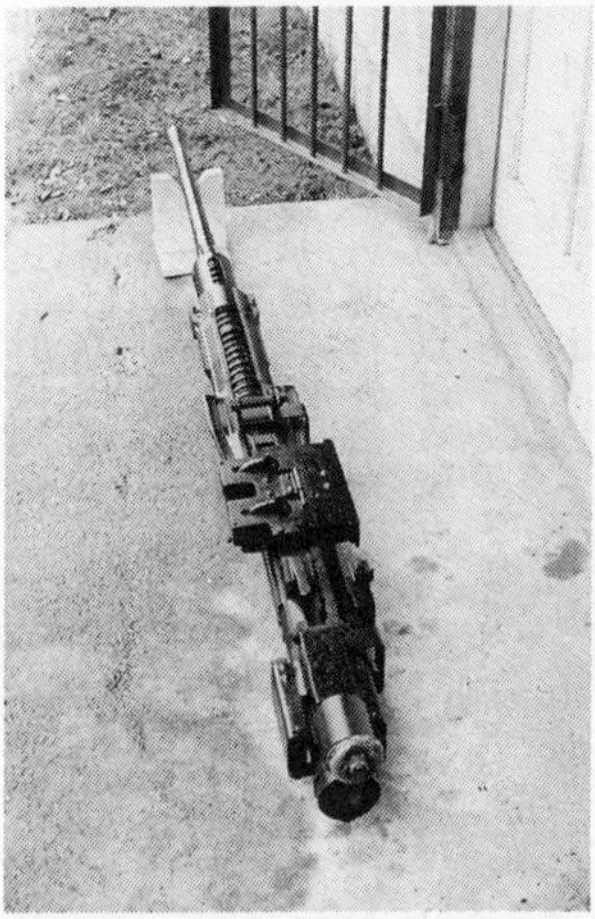
零式艦上戦闘機（零戦）の20ミリ機銃

海軍のF6F「ヘルキャット」、F4U「コルセア」、陸軍のP－51「ムスタング」の航空機銃がすべて同じであったようにはいかなかったのである。

最後に二〇ミリ機銃である。

ちなみに、海軍では口径四〇ミリ以下を銃、陸軍では砲と呼んだ。たとえば海軍の代表的対空火器の一つ九六式二五ミリ機銃、陸軍の九八式高射機関砲（二〇ミリ）といった具合である。

さて、海軍は零式艦上戦闘機の制定にあたって、その主兵装に世界で初めてスイス・エリコン社の二〇ミリ機銃を採用した。

この二〇ミリ機銃弾の威力は絶大で、一発命中すれば大型機をも撃墜できるものであった。ただ銃身が短いため弾道性が悪く（いわゆる小便弾）命中率が低い。また箱型弾倉を使用しているため携行弾数が一門六十発と少ないなどの欠点も指摘されていた。

なお、この欠点は零戦五二型においては長銃身化され、携行弾薬もドラム弾倉をへてベルト給弾式一二五発に改良されている。

少し脇道にそれるが、アメリカ海軍の対空近接防御用火器は、何とこれもエリコン社の二〇ミリ機銃、零戦と米艦は同じエリコン機銃で撃ち合っていたのである。

陸軍も最初七・七ミリ、一二・七ミリであった航空機銃を、先にも述べたように三式戦闘機「飛燕」から二〇ミリ砲を装備するようになった。

最初ドイツからマウザー二〇ミリ機関砲を導入し、以後ラインメタル社の二〇ミリも研究していた。

大東亜決戦機といわれた高速の準重戦「疾風《はやて》」は二〇ミリ機関砲四門を装備したが、これはブローニング一二・七ミリの発展型「ホ－5」であった。

いずれにせよ、陸軍と海軍とでは、同じ戦闘機搭載二〇ミリ機関砲といっても、それぞれ氏も素姓も異なるものだったのである。

【参考文献】＊「世界史概観(下)」H・G・ウエルズ／長谷部文雄、阿部知二共訳　岩波書店＊「戦争論」クラウゼヴィッツ／清水多吉訳　現代思潮社＊「戦争概論」ジョミニ／佐藤徳太郎訳　中央公論新社＊「世界史の研究」吉岡力　旺文社＊「戦略論(上・下)」リデル・ハート／森沢亀鶴訳　原書房＊「帝国国防史論抄」佐藤鐵太郎　東京印刷＊「山梨大将講話集」山梨勝之進　海上自衛隊幹部学校＊「年表太平洋戦争全史」日置英剛編　国書刊行会＊「クラウゼヴィッツ『戦争論』の読み方(その一～その六七)」前原透　陸戦学会――『陸戦研究』平成十年一月号～十六年九月号掲載＊「第二次世界大戦(上・下)」W・チャーチル／佐藤亮訳　河出書房新社＊「マッカーサー回顧録(上・下)」D・マッカーサー／津島一夫訳　朝日新聞社＊「モリソンの太平洋海戦史」S・E・モリソン／大谷内一夫訳　光人社＊「ニミッツの太平洋海戦史」C・W・ニミッツ、E・B・ポッター／実松譲、富永謙吾共訳　恒文社＊「第三帝国の興亡(一～四)」W・シャイラー／井上勇訳　東京創元社＊「キル・ジャップス！」E・B・ポッター／秋山信雄訳　光人社＊「提督スプルーアンス」T・B・ブュエル／小城正訳　原書房＊「戦藻録」宇垣纏　原書房＊「太平洋戦争と日本の将来」常岡瀧雄　山紫水明社＊「情報なき戦争指導」杉田一次　原書房＊「戦時艦船喪失史」池川信次郎　元就出版社＊「日本海軍の伝統・体質」中村悌次　兵術同好会＊「日米両海軍の提督に学ぶ」中村悌次　兵術同好会＊「海軍技術研究所」中川靖造　日本経済新聞社＊「海軍砲戦史談」黛治夫　原書房＊「暗号」長田順行　ダイヤモンド社＊「日本駆逐艦物語」福井静夫　光人社＊「世界の艦載兵器」梅野一夫　光人社＊「間に合わなかった兵器」徳田八郎衛　東洋経済新報社＊「海は甦る(一・二)」江藤淳　文藝春秋社＊「連合艦隊の最後」伊藤正徳　文藝春秋社＊「戦艦大和の最後」吉田満　講談社＊「ガダルカナル」辻政信　養徳社＊「海軍の反省」福留繁　日本出版協同株式会社＊「連合艦隊参謀長の回想」草鹿龍之介　光和堂＊「米内光政と山本五十六は愚将だった」三村文夫　テーミス＊「東部ニューギニア戦線」尾川正二　光人社＊「地獄の戦場ニューギニア戦記」間嶋満　光人社＊「悲劇の輸送船」大内建二　光人社

写真提供／米国立公文書館・雑誌「丸」編集部　ほか

あとがき

私がこの本を書こうと思い立ったきっかけは、読者からの問題提起にありました。

多くの方々から、「大方の戦記作家たちは日本海軍を口をきわめて礼讃するが、そのように立派で精強な海軍なら、なぜあのような無様な負け方をしたのだろうか?」との素朴な疑問と、つぎに挙げる事項を示しながら、その真相を分かりやすく説明してほしいとの要望が寄せられました。

・和戦決定のキャスチングボードを握りながら、開戦を阻止できなかった理由
・「海軍の主敵は陸軍」と公言する驚くべきセクショナリズム
・厭戦気分のアメリカ市民を立ち上がらせた「真珠湾攻撃」の功罪
・慢心と油断によるとされている「ミッドウェー海戦」の真の敗因
・ソロモン戦以降の「平家の都落ち」さながらの一方的敗走の原因

・トラック島壊滅、ダバオ事件等に見る高級指揮官の無為、無策、無能
・海上交通保護に対する無関心のため海上交通を破壊され、継戦能力を喪失したこと
・軍事的合理性皆無の水上特攻「戦艦大和」出撃にいたる真相、等々

その実態を結論的にいうならば、太平洋戦争における日本海軍はじつに欠陥の多い海軍であったといえます。

日露戦争以来の太平になれ、兵術的には艦隊決戦一本槍、防御というものをまったく顧みない、海軍が当然持つべきその他の機能を一切すてた単機能的海軍になっていました。武器体系については、艦船、航空機をはじめ万般にわたっていつの間にか技術的鎖国におちいって、レーダーをはじめ多くの面で列強に遅れをとっていました。

また何よりも、共に戦うべき陸軍にたいしては、信頼するどころか必要以上の敵愾心をいだき、そのくせ自分の担当する太平洋の雲行きが怪しくなると無理強いして陸軍の大部隊をいれ、九十万人ともいわれる多大な犠牲を出させています。

そのような欠陥を持ちながら、夜郎自大となって天下無敵を標榜し、「日露戦争型」の兵術思想と「第一次世界大戦型」の装備で太平洋戦争を戦い、近代戦の粋をあつめた総合力の格段にまさるアメリカ海軍に完敗したということになります。

特筆すべきは、当初大本営で決定された「長期戦略持久」の大方針を突如としてすて、太平洋全域にわたる積極的「連続攻勢作戦」に打って出て攻勢終末点を越えてしまい、その結

果、陸軍をも巻きこんで大消耗をきたし、一路敗戦への道をひた走ったことです。

そこで本書では、いままでの日本海軍にたいする既成観念を一切ご破算にし、太平洋戦争開戦前夜からその終結にいたる間の主要事項をとりあげ、すべてを史実に忠実に、そして随時アメリカ海軍のそれと対比させ、また陸軍との真の関係に注目しながらその実相を解明して公平に検証し、専門外の方々にもその教訓を容易にご理解いただけるよう分かりやすく述べるように努めました。

この書が読者にとって、太平洋戦争における日本海軍の真の姿を理解するうえで、なんらかのお役に立てば望外の幸せです。

最後に、このたびの文庫本化にあたり、大変お世話になりました潮書房光人新社の小野塚康弘氏に心から感謝申し上げます。

平成三十年七月吉日

是本信義

単行本　平成二十年七月「誰も言わなかった海軍の失敗」改題　光人社刊

NF文庫

海軍善玉論の嘘

二〇一八年九月十九日 第一刷発行
著 者 是本信義
発行者 皆川豪志
発行所 株式会社 潮書房光人新社
〒100-8077 東京都千代田区大手町一-七-二
電話／〇三-六二八一-九八九一(代)
印刷・製本 凸版印刷株式会社
定価はカバーに表示してあります
乱丁・落丁のものはお取りかえ致します。本文は中性紙を使用
ISBN978-4-7698-3087-0 C0195
http://www.kojinsha.co.jp

NF文庫

刊行のことば

第二次世界大戦の戦火が熄《や》んで五〇年——その間、小社は夥しい数の戦争の記録を渉猟し、発掘し、常に公正なる立場を貫いて書誌とし、大方の絶讃を博して今日に及ぶが、その源は、散華された世代への熱き思い入れであり、同時に、その記録を誌して平和の礎とし、後世に伝えんとするにある。

小社の出版物は、戦記、伝記、文学、エッセイ、写真集、その他、すでに一、〇〇〇点を越え、加えて戦後五〇年になんなんとするを契機として、「光人社NF（ノンフィクション）文庫」を創刊して、読者諸賢の熱烈要望におこたえする次第である。人生のバイブルとして、心弱きときの活性の糧として、散華の世代からの感動の肉声に、あなたもぜひ、耳を傾けて下さい。